U0836179

北大大课堂

张岱年

国学大师 | 生前任北京大学教授，曾长期担任中国哲学史学会会长

人　生　课

张岱年 著

北京大学出版社
PEKING UNIVERSITY PRESS

图书在版编目(CIP)数据

人生课/张岱年著. —北京：北京大学出版社，2008.7
(北大大课堂)
ISBN 978-7-301-13665-2

Ⅰ. 人…　Ⅱ. 张…　Ⅲ. 人生哲学—研究　Ⅳ. B821

中国版本图书馆 CIP 数据核字(2008)第 052318 号

书　　　名：**人生课**
著作责任者：张岱年　著
策 划 组 稿：王炜烨
责 任 编 辑：王炜烨
标 准 书 号：ISBN 978-7-301-13665-2/B・0729
出 版 发 行：北京大学出版社
地　　　址：北京市海淀区成府路 205 号　100871
网　　　址：http://www.pup.cn
电 子 信 箱：zpup@pup.pku.edu.cn
电　　　话：邮购部 62752015　发行部 62750672　编辑部 62750673
出版部 62754962
印　刷　者：北京宏伟双华印刷有限公司
经　销　者：新华书店
787 毫米×1092 毫米　16 开本　15 印张　160 千字
2008 年 7 月第 1 版　2009 年 8 月第 2 次印刷
定　　　价：31.00 元

未经许可，不得以任何方式复制或抄袭本书之部分或全部内容。
版权所有，侵权必究
举报电话：(010)62752024　电子信箱：fd@pup.pku.edu.cn

目录

第一课

仁

第一个提出人生理想的，是孔子。孔子以仁为人生理想。仁的观念，所含甚广，而本旨甚约；境界极高，而平实简易，是一个宏大而切近的生活准则。一般都认为孔子不曾确切地说出仁的意谓，以为孔子弟子问仁，孔子所答，都是因材施教，随宜指示，故所说都是仁的片断，而不曾总括地说出仁的整个意谓。其实不然，孔子实曾明白地给出仁之界说。

《论语》云：

> 子贡曰：如有博施于民，而能济众，何如？可谓仁乎？子曰：何事于仁，必也圣乎！尧舜其犹病诸！夫仁者，己欲立而立人，己欲达而达人。能近取譬，可谓仁之方也已。（《雍也》）

“己欲立而立人，己欲达而达人”，便是孔子所规定之仁之界说。以此二句为孔子所定仁之界说，理由有三：第一，一般问仁，孔子都是就各人之程度予以指点，仅说仁的一方面，以便易于实行。今子贡既说出较仁更高的境界，而误认为仁，则孔子自不得不说出仁之全义，以见仁之全义尚不及此境界，而不能仅只说出仁之一片断了。第二，“夫仁者”三字，颇似立界说的形式，他处论仁，皆不用夫字。第三，《论语》中其余言仁各条，含义都不若此条之深广，其意旨都不出此条之范围。所以此条所说，是可以看作孔子所讲仁之界说的。“博施于民而能济众”，是圣的境界，较仁为高。“己欲立而立人，己欲达而达人”，乃是仁的本旨。“立”是有所成而足以无倚；“达”是有所通而能显于众。自己求立，并使人亦立；自己求达，并使人亦达：

“己欲立而立人，己欲达而达人”，便是孔子所规定之仁之界说。

“立”是有所成而足以无倚；“达”是有所通而能显于众。

即自强不息，而善为人谋。简言之，便是成己成人。"能近取譬"，则是为仁的方法，即由近推远，由己推人；己之所欲，亦为人谋之，己之所不欲，亦无加于人。①

仁之本旨，是己欲立而立人，己欲达而达人，所以根本上是爱人的。

仁之本旨，是己欲立而立人，己欲达而达人，所以根本上是爱人的。《论语》云：

樊迟问仁，子曰爱人。(《颜渊》)

但孔子言爱，注重有实益于人。孔子曾说：

爱之能勿劳乎？忠焉能勿诲乎？(《宪问》)

所以仁不仅是爱而已，并且仁者有时亦恶人。孔子说：

唯仁者，能好人，能恶人。(《里仁》)

我未见好仁者，恶不仁者，好仁者，无以尚之。恶不仁者，其为仁矣，不使不仁者加乎其身。(同上)

仁者本爱人，而对于不仁之人，则不得不恶之，使其不得影响自己。唯仁者为能得好恶之正。可以说仁乃"爱仁以德"，而非"姑息之爱"。仁乃欲成己成人，然姑息之爱，或反足以误己误人。故仁虽包含爱，而不是单纯的爱。

仁虽包含爱，而不是单纯的爱。

仁以己立而立人为要，而求"立"必须循礼。孔子曾说：

不知礼，无以立也。(《尧曰》)

兴于诗，立于礼，成于乐。(《泰伯》)

所以实行仁德，必自约以礼。《论语》云：

颜渊问仁，子曰：克己复礼为仁，一日克己复礼，天下归仁焉。为仁由己,而由人乎哉?颜渊曰:请问其目!子曰:非礼勿视,非礼勿听,非礼勿言,非礼勿动。颜渊曰:回虽不敏,请事斯语矣!(《颜渊》)

“克己复礼”,便是以礼自律,自约其身,使合于礼;视听言动,莫不循礼。必如此,方能自立而立人,所以是为仁之方。《论语》又云:

“克己复礼”,便是以礼自律,自约其身,使合于礼;视听言动,莫不循礼。

仲弓问仁,子曰:出门如见大宾,使民如承大祭;己所不欲,勿施于人。在邦无怨,在家无怨。仲弓曰:雍虽不敏,请事斯语矣!(同上)

“如见大宾”,“如承大祭”即是恭敬循礼。“在邦无怨,在家无怨”,便是天下归仁。《论语》又云:

樊迟问仁,子曰:居处恭,执事敬,与人忠。虽之夷狄,不可弃也。(《子路》)

“居处恭,执事敬”,也便是“克己复礼”。

“己所不欲,勿施于人”,即所谓恕。“与人忠”,即所谓忠。忠恕即“能近取譬”之道,皆仁之一方面。孔子甚注重恕。《论语》云:

“己所不欲,勿施于人”,即所谓恕。

子贡问曰:有一言而可以终身行之者乎?子曰:其恕乎!己所不欲,勿施于人。(《卫灵公》)

恕是一个根本的生活准则。《论语》又云:

子曰:参乎!吾道一以贯之!曾子曰:唯!子出,门人问曰:何谓也?曾子曰:夫子之道,忠恕而已矣。(《里仁》)

曾子以孔子一贯之道为忠恕，忠恕即仁。忠是尽己之心力以助人，恕是不以己之所恶施于人。忠是积极的，恕是消极的。合忠与恕，便是仁。《论语》又云：

合忠与恕，便是仁。

> 子张问仁于孔子。孔子曰：能行五者于天下，为仁矣。请问之，曰：恭，宽，信，敏，惠。（《阳货》）

恭即循礼；宽信敏惠，乃忠恕之所含。宽信是恕，敏惠是忠。

仁是“立人”“达人”，所以必须实际有益于人，方称为仁。如仅洁身自好，无害于人，尚不足为仁。《论语》云：

> 宪问……克伐怨欲不行焉，可以为仁矣？子曰：可以为难矣，仁则吾不知也！（《宪问》）

“克伐怨欲不行”固为难能，但实非有助于人，所以未足为仁。并且仁乃己“欲”立而立人，己“欲”达而达人，乃是因己之所欲，以推人之所欲，仁不是要无欲。

仁是立人达人，故为仁必须真诚实在地力行；不能真诚实在地力行，则既不能自立自达，更不能立人达人了。所以仁又包含力行不作虚言的意思。《论语》云：

仁是立人达人，故为仁必须真诚实在地力行；不能真诚实在地力行，则既不能自立自达，更不能立人达人了。

> 问仁，曰：仁者先难而后获，可谓仁矣。（《雍也》）
>
> 司马牛问仁，子曰：仁者其言也讱。曰：其言也讱，斯谓之仁矣乎？子曰：为之难，言之得无讱乎？（《颜渊》）

仁者唯真实力行，不肯取巧，亦不肯多言；不避难而就易，更不事空谈。《论语》又云：

> 子曰：仁者必有勇。（《宪问》）

孔子 >>>

《中庸》亦述孔子之言云：

力行近乎仁。

必能力行，方能为仁。故仁者必勇，无勇则根本不能为仁了。孔子又说：

巧言令色，鲜矣仁！（《学而》）

刚毅木讷近仁。（《子路》）

刚毅木讷，则能真实力行，故近仁。巧言令色者，不欲真实力行，而欲以巧伪赢得人心，实非有意立人达人，故远于仁。

仁者实必有所作为，虽然不能“博施于民，而能济众”，但必有立人达人之行为。

仁者实必有所作为，虽然不能“博施于民，而能济众”，但必有立人达人之行为。孔子所认为仁者，皆实际有过人之表现的。孔子对当时人皆不许为仁者。其所许为仁人者，是微子、箕子、比干、伯夷、叔齐及管仲。此数人都是能真实力行，而有非常之表现者。孔子称管仲“民到于今受其赐”，以管仲能推其立人达人之心，不轻于死而图有以利民，故谓之为仁。

人莫不欲立，人莫不欲达，只要能推己及人，自己求立达，而亦助人立达，便是仁。所以仁是平实简易的。孔子以为行仁实不难，人人皆可实行。孔子说：

有能一日用其力于仁矣乎？我未见力不足者。盖有之矣，我未之见也。（《里仁》）

人只要去其自私之心，而真实的力行忠恕，便是仁。

仁远乎哉？我欲仁，斯仁至矣。（《述而》）

人人皆有力助人，所以人之不为仁，并非力不足，只是有力而不用。人只要去其自私之心，而真实的力行忠恕，便是仁。

孔子对于仁极其重视，认为仁是不可须臾离的行为准则，虽在危难急遽之时，亦不可违仁。孔子说：

> 君子去仁，恶乎成名？君子无终食之间违仁，造次必于是，颠沛必于是。（《里仁》）

为求仁，更可以死赴之。孔子说：

> 志士仁人，无求生以害仁，有杀身以成仁！（《卫灵公》）

达到仁的境界，生活方为有价值；不能仁，则其生活实无价值。宁为求有价值之生活而死，虽死而得到不朽；否则虽生亦无意义。生活之性质上的提高，比其数量上的延长，远为重要。

真能行仁，真能达到仁的境界，便可以得到至高无上的快乐，一切恐惧烦闷，都已消灭，唯一种快慰充满了内心。仁的生活，乃是一种至极快乐的生活。孔子说：

> 苟志于仁矣，无恶也。（《里仁》）
> 仁者不忧。（《子罕》）

能仁则无入而不自得，内省不疚，毫不忧闷。孔子又说：

> 不仁者，不可以久处约，不可以长处乐。仁者安仁。（《里仁》）

唯仁者为能久处约而不滥，久处乐而不淫，健行不息，自有常则，而不随环境转移。

仁的本旨，是己欲立而立人，己欲达而达人。此意谓的仁，总以上所述，可以说含括三方面：一忠恕，二克己复礼，三力行。忠恕是由内心以推己及人；克己复礼则是以社会之行为规范约束自己；而忠恕与克己复礼皆以力行为基本。克己复礼亦正是行忠恕之道，对人

孔子对于仁极其重视，认为仁是不可须臾离的行为准则，虽在危难急遽之时，亦不可违仁。

仁的生活，乃是一种至极快乐的生活。

仁含括三方面：一忠恕，二克己复礼，三力行。

尽礼，也便是尽忠尽恕。

己欲立而立人，己欲达而达人，是仁的中心意谓。

己欲立而立人，己欲达而达人，是仁的中心意谓。此意谓尚可加以更进一步的解析：一、仁是一方自强不息，一方助人有成，是人己兼顾的。二、仁可以说包含对别人的尊重。三、仁是由己及人，仍以自己为起点。四、仁固包含情感上的爱及物质生活上的扶助，而更注重道德上的励导。仁固注意别人生活的维持，而更注意别人道德的提高。仁者对于别人的爱助，目的在于使其成为有德行有成就的人。

此种意谓的仁，是生活之最高的道，也是最高的德。德与道是相联系的，有得于道谓之德。最高的德，便兼涵诸德，诸德皆此最高的德之一要素，或达到此最高的德之途径。仁兼涵诸德，如忠、恕、礼、恭、敬、勇等。但仁非全德之名。所谓全德之名，即诸德之总称。而仁非诸德之总称，其本身亦自为一德。不过是最高的德，所以兼涵诸德。根本的原则，含蕴较小的原则；同例，最高的德，亦含蕴较低之德。

仁是一个极崇高而又切实的生活理想，不玄远，无神秘，而有丰富意蕴。孔子对于中国思想之贡献，即在阐明仁的观念。

仁是一个极崇高而又切实的生活理想，不玄远，无神秘，而有丰富意蕴。孔子对于中国思想之贡献，即在阐明仁的观念。

孔子又尝说：

> 志于道，据于德，依于仁，游于艺。（《述而》）

道之主要内容即是仁，德是行道而得诸己，德不仅是仁，而仁是最高的德。艺即礼乐，乃为仁之具。四者分之各有所指，合之有其统一。

孔子又甚注重“义”的观念。所谓义，即是宜，即是当然，应该之意。孔子认为人须依义而行，即人的行为须合乎当然的准则。应该做者，即做；不应该做者，便不做。只需问事情的应该不应该，不可顾念

一己的私利,孔子说:

君子之于天下也,无适也,无莫也,义之与比。(《里仁》)

见义不为,无勇也。(《为政》)

君子喻于义,小人喻于利。(《里仁》)

君子处世,无所必从,无所必违,唯以义为标准。见应该做者即勇为之,而不顾虑个人一时之利害。

义即当然的准则,而此当然准则之内容为何?实即是仁。仁便是人生之最高的当然准则。依义而行,实即是依仁而行。所以,在孔子,仁与义不是并立的二德,而只是一事。在孔子,义的观念,实与道、德、善等观念同列,而不是一种特殊的德。孔子尝说:

义即当然的准则,而此当然准则之内容为何?实即是仁。

德之不修,学之不讲,闻义不能徙,不善不能改,是吾忧也。(《述而》)

义与善的意思甚为相近。义与善之内容,便是仁。到孟子,乃以义为一德,与仁并立了。

孔子又重"知",常以仁知并举。孔子云:

仁者安仁,知者利仁。(《里仁》)

知者乐水,仁者乐山。知者动,仁者静。知者乐,仁者寿。(《雍也》)

最高之人格为圣者,其次为仁者,又其次则为智者。仁者安于仁,智者则知仁为利而行之。《论语》又云:

最高之人格为圣者,其次为仁者,又其次则为智者。

子曰:"由也,女闻六言六蔽矣乎?"对曰:"未也。""居,吾语女。好仁不好学,其蔽也愚。好知不好学,其蔽也荡。好信

不好学，其蔽也贼。好直不好学，其蔽也绞。好勇不好学，其蔽也乱。好刚不好学，其蔽也狂。”（《阳货》）

仁可有愚之失。孔子又云：

知之者，不如好之者；好之者，不如乐之者。（《雍也》）

知者利于仁而行之，由知之而进于好之，乐之，便能安于仁，而为仁者了。②

仁且知，而有大功于人众，便是圣人。圣之境界，在仁之上。《论语》云：

子曰：若圣与仁，则吾岂敢？抑为之不厌，诲人不倦，则可谓云尔已矣。公西华曰：正唯弟子不能学也。（《述而》）

前引孔子答子贡之问，以“博施于民，而能济众”为圣。孟子尝述孔子、子贡之事云：

昔者，子贡问于孔子曰：夫子圣矣乎？孔子曰：圣则吾不能，我学不厌，而教不倦也。子贡曰：学不厌，智也；教不倦，仁也。仁且智，夫子既圣矣！（《孟子·公孙丑》）

子贡以仁且智为圣，或亦根据孔子之言。“博施于民，而能济众”，亦可谓仁智之极。圣并非一德，而是完全人格之称。德无不备，明哲绝伦，而能拯济生民，乃称为圣。圣是最高人格之名称，而非生活的准则。

孟子发挥孔子的思想，亦以仁为人生之第一原则；而又极注重义，仁义并举，以为生活行为之基本准衡。

孟子发挥孔子的思想，亦以仁为人生之第一原则；而又极注重义，仁义并举，以为生活行为之基本准衡。孔子哲学的中心观念是仁，孟子哲学的中心观念则是仁义。孟子讲仁，大意与孔子相近，但多从心性方面来讲，以为仁即是人所固有的恻隐之心之发展。孟子说：

> 人皆有不忍人之心。先王有不忍人之心，斯有不忍人之政矣。……所以谓人皆有不忍人之心者，今人乍见孺子将入于井，皆有怵惕恻隐之心。非所以内交于孺子之父母也，非所以要誉于乡党朋友也，非恶其声而然也。……恻隐之心，仁之端也。（《公孙丑》）

不忍人之心，或恻隐之心，以今日的名词来说，即是同情心。人莫不有同情心，同情心即仁之萌芽。发展扩充固有之同情心，即可达到仁。孟子更以为人皆有所爱，扩充其爱，并其本所不爱者而亦爱之，便是仁。孟子说：

孟子更以为人皆有所爱，扩充其爱，并其本所不爱者而亦爱之，便是仁。

> 仁者以其所爱，及其所不爱；不仁者以其所不爱，及其所爱。（《尽心》）

仁即是由近推远，乃同情心之发展，亦可以说是爱之扩充。孔子以“能近取譬”为求仁之方，孟子亦以努力推己及人为求仁之道。他说：

> 强恕而行，求仁莫近焉。（同上）

求仁在于强恕，勉力实践恕，久之便自能达到仁了。孟子又以为仁是人之所以为人之道，人必实践仁，方成其为人。仁乃是做人的道德。孟子说：

仁乃是做人的道德。

> 仁也者人也，合而言之道也。（同上）

仁是总合而言之道。为人之道，析之有几，总合言之，只是一个仁而已。仁是最高的总原则。

仁固是第一原则，尚有第二原则，就是义。

仁固是第一原则，尚有第二原则，就是义。仁与义都是基本的实践准则。孟子说：

> 仁，人之安宅也，义，人之正路也。旷安宅而弗居，舍正路而不由，哀哉！（《离娄》）
>
> 仁，人心也；义，人路也。舍其路而弗由，放其心而不知求，哀哉！（《告子》）

仁是人之所以存心，义是人所必由之路。孔子言仁，注重行为，仁是行为之准则；孟子言仁，则颇注重内心态度，仁是内心所当有之态度，义方是行为所应循之准绳。孔子所谓义，只是当然之意；孟子所谓义，则是自己裁制之意，不顾一己利害，决然毅然自己裁制其行为，便是义。孟子以不忍说仁，以不为说义。孟子说：

> 人皆有所不忍，达之于其所忍，仁也。人皆有所不为，达之于其所为，义也。人能充无欲害人之心，而仁不可胜用也。人能充无穿窬之心，而义不可胜用也。（《尽心》）

不当为则不为，当为则为之，便是义。

不当为则不为，当为则为之，便是义。孟子更就人伦讲仁义，以为仁的基本是亲亲，义的基本是敬长。他说：

> 人之所不学而能者，其良能也；所不虑而知者，其良知也。孩提之童，无不知爱其亲也；及其长也，无不知敬其兄也。亲亲仁也，敬长义也。无他，达之天下也。（同上）

推其亲亲敬长之心于天下，便是仁义了。仁之发端是亲亲，但仁不仅是亲亲。孟子又说：

君子之于物也,爱之而弗仁;于民也,仁之而弗亲;亲亲而仁民,仁民而爱物。(同上)

知者无不知也,当务之为急。仁者无不爱也,急亲贤之为务。尧舜之知,而不徧物,急先务也。尧舜之仁,不徧爱人,急亲贤也。(同上)

合而言之,仁包含亲与爱;分而言之,则仁、亲、爱各有限界。对物只是爱之而已;对人则不仅爱之,而更行忠恕;至于父母,则又不仅行忠恕,而更亲之。泛言之,亦可以爱言仁,仁是无所不爱的,但实际上则不能遍爱一切人,而以亲贤为先。

合而言之,仁包含亲与爱;分而言之,则仁、亲、爱各有限界。

孔子言杀身成仁,孟子则言舍生取义。孟子说:

孔子言杀身成仁,孟子则言舍生取义。

鱼我所欲也,熊掌亦我所欲也,二者不可得兼,舍鱼而取熊掌者也。生亦我所欲也,义亦我所欲也,二者不可得兼,舍生而取义者也。生亦我所欲,所欲有甚于生者,故不为苟得也。死亦我所恶,所恶有甚于死者,故患有所不辟也。(《告子》)

所欲有甚于生者,即是义。所恶有甚于死者,即是不义。为实行义,虽牺牲生命亦所不顾。当为之事,虽杀身亦为之;不当为之事,虽受死亦不为。义实在生之上,虽死而能取得义,便已得到不朽的生命。

实行仁义之极,便能毫不勉强,自然合于仁义。孟子说:

舜明于庶物,察于人伦,由仁义行,非行仁义也。(《离娄》)

能达此境界,便是圣人。孟子说:

能达此境界,便是圣人。

规矩,方圆之至也;圣人,人伦之至也。(同上)

圣人便是实行人道，圆满无憾的。孟子又有践形之说。他说：

形色天性也。唯圣人然后可以践形。（同上）

天性皆由形色而显现，无形色亦无以见天性。使形色皆为天性之表现，此乃道德修养之极致，如此方为践其形，如此其形体方可谓得到充分之发展。

能至形色天性之境界，而达到生活之最高境界了。最伟大的人格，亦称为大丈夫。孟子说：

居天下之广居，立天下之正位，行天下之大道，得志与民由之，不得志独行其道。富贵不能淫，贫贱不能移，威武不能屈，此之谓大丈夫。（《滕文公》）

大丈夫便是有极深的道德修养，而达到生活之最高境界的人。

孟子又讲浩然之气，实行仁义以达到生活之最高境界时，便有所谓浩然之气。

孟子又讲浩然之气，实行仁义以达到生活之最高境界时，便有所谓浩然之气。孟子说：

我善养吾浩然之气。敢问何谓浩然之气？曰：难言也。其为气也，至大至刚，以直养而无害，则塞于天地之间。其为气也，配义与道，无是，馁也。是集义所生者，非义袭而取之也。行有不慊于心，则馁矣。我故曰：告子未尝知义，以其外之也。必有事焉，而勿正，心勿忘，勿助长也。（《公孙丑》）

浩然之气，便是非常盛大刚强、充塞于天地之间的气。

浩然之气，便是非常盛大刚强、充塞于天地之间的气。气是什么呢？孟子曾说：

夫志，气之帅也；气，体之充也。（同上）

气即是所以充满此身的。人的形体，充满了气；如能养之，则觉得我之气，渐渐扩大，成为浩浩荡荡的，上极于天，下蟠于地，而充塞于天地之间，天地之大，都被我的一气所充满。这是一种神秘经验。气本充一身，善养之则不唯充于体内，而亦充于体外，即内外合而为一了。如何养气？仍在于实行仁义。此浩然之气，是与义道为偶的，与义道相待而相成，乃是“集义”之结果。集义便是积善。“袭而取之”便是不实际做功夫，取得外表形似，其气馁而不能刚大。扩充之道，在“必有事焉”，勿忘，而亦不可助长，应任其自然发展。如是涵养既久，行无不慊于心，则自然有至大至刚的浩然之气了。

如何养气？仍在于实行仁义。

气乃是充乎体的，今乃塞于天地，即觉得与天地合而为一了。孟子又说：

> 万物皆备于我矣，反身而诚，乐莫大焉。（《尽心》）

万物各有特点，万物的特点都具备于我身，自反而觉其实然，则一切烦恼俱已消灭不见，而获得了最大无上快乐。

达到此境界，不只个人有至高的快乐而已，更有极大的感化力，能使他人受感而迁善。孟子说：

> 夫君子所过者化，所存者神，上下与天地同流，岂曰小补之哉？（同上）

有最高修养之人，所行经之地，人无不受其感化；所居之处，其化如神。动静乃与天地相应，实大有益于世，非止小补而已。所谓浩然之气，所谓与天地同流，实质上不过是幻想而已。

孔子思想以仁为中心，虽由行仁而达到乐以忘忧的境界，但毫无神秘。孟子则由仁义达到一种有神秘性的精神生活。这种自我夸大的神秘主义，仅仅是空虚的自我安慰而已。

孟子则由仁义达到一种有神秘性的精神生活。

孔子最注重行为，不甚讲心，孟子则较孔子更注重个人的内心生活之培养。

孔子最注重行为，不甚讲心，孟子则较孔子更注重个人的内心生活之培养。在孔子以后，孟子以前，有墨子、杨朱之思想。孟子虽以“距杨墨”为己任，然亦颇受杨墨之影响。墨子最崇尚义，孟子的注重义，将义与仁并举，大概是受墨子的影响。杨朱最重自我，孟子的注重个人，大概是受杨子的影响。但墨子贵义，而以为义即是利；孟子则严分义利。杨朱只重自我而已，孟子则重培养个人之精神生活。要之，孟子是以孔子思想为基本，吸取杨墨之长处，而加以改造。

孟子以后，论仁义最晰者，为汉代董仲舒。

孟子以后，论仁义最晰者，为汉代董仲舒。董子以对人对我分别仁义，爱人为仁，正我为义。董子说：

> 《春秋》之所治，人与我也。所以治人与我者，仁与义也。以仁安人，以义正我。故仁之为言人也；义之为言我也。言名以别矣。仁之于人，义之于我者，不可不察也。众人不察，乃反以仁自裕，而以义设人，诡其处而逆其理，鲜不乱矣！是故人莫欲乱，而大抵常乱，凡以暗于人我之分，而不省仁义之所在也。是故《春秋》为仁义法：仁之法，在爱人，不在爱我。义之法，在正我，不在正人。我不自正，虽能正人，弗予为义，人不被其爱，虽厚自爱，不予为仁。……质于爱民以下，至于鸟兽昆虫，莫不爱，不爱，奚足为仁？仁者，爱人之名也。……义者谓宜在我者。宜在我者，而后可以称义。故义者，合我与宜，以为一言。以此操之，义之为言我也。……仁主人，义主我。……君子求仁义之别，以纪人我之间，然后辨乎内外之分，而著于顺逆之处也。（《春秋繁露·仁义法》）

仁为爱，而仅自爱，非是仁；爱人方足为仁。义为正，而仅正人，非是义；能正己方足为义。仁乃所以对人，义乃所以自制。董子自谓此见解本于《论语》。他说：

> 且《论》已见之，而人不察。曰君子攻其恶，不攻人之恶。不攻人之恶，非仁之宽与？自攻其恶，非义之全与？此谓仁造人，义造我，何以异乎？故自称其恶谓之情，称人之恶谓之贼。求诸己谓之厚，求诸人谓之薄。自责以备谓之明，责人以备谓之惑。（同上）

董子论仁义之分别，实甚清晰而明审。董子所说，主要是孔孟之仁义观念之阐释。

董子论仁义之分别，实甚清晰而明审。

董子又以仁智并举，认为都是极必需者。董子说：

> 莫近于仁，莫急于智。……仁而不智，则爱而不别也。智而不仁，则知而不为也。故仁者所以爱人类也，智者所以除其害也。何谓仁？仁者憯怛爱人，谨翕不争，好恶敦伦，无伤恶之心，无隐忌之志，无嫉妬之气，无感愁之欲，无险诐之事，无辟违之行。故其心舒，其志平，其气和，其欲节，其事易，其行道，故能平易和理而无争也。如此者，谓之仁。何谓之智？先言而后当。凡人欲舍行为，皆以其智先规而后为之。……智者见祸福远，其知利害蚤；物动而知其化，事兴而知其归，见始而知其终；言之而无敢哗，立之而不可废，取之而不可舍；前后不相悖，终始有类，思之而有复，及之而不可厌；其言寡而足，约而喻，简而达，省而具，少而不可益，多而不可损；其动中伦，其言当务。如是者，谓之智。（《春秋繁露·必仁且智》）

爱人为仁，有先见之明为智。唯仁而无智，则虽爱人，而不能明辨祸福利害，其行为之结果，或反足以伤人。仅智而不仁，则虽能深识祸福利害，而漠然无动于心，不肯实际拯济他人。所以仁与智，两皆必需。董子此说，实亦是孔子思想之推衍。

注释：

① “夫仁者，己欲立而立人，己欲达而达人”，是孔子所定仁之界说，实无可疑。以此为界说，以观《论语》言仁各条，则无有不通，且各显深义。仁之本旨，只是己欲立而立人，己欲达而达人。可见孔子所谓仁者，如何平实而非玄虚，如何明确而非侊侗；切近简易，而又宏伟广大；统涵诸德，而不失自为一德。后人唯不知孔子自有仁之界说，而谓孔子一生未尝说出仁之确旨，乃自己为仁字另定界说。结果或失之玄虚，或失之侊侗，或失之浮泛，或失之琐碎；且皆于《论语》言仁各条或合或不合，牵强比附，终不可通。皆由不知孔子本有仁之界说。

又按《论语》曾云：“子罕言利，与命，与仁。”（《子罕》）今《论语》中所载言仁者数十条，在《论语》中不为罕见。何以谓之罕言？大概孔子论仁之语，弟子皆宝贵之，皆记录之，而论他事之语，则或记或不记。今《论语》中言仁处多，非言之多，乃记之多。孔子一生数十年，言仁数十次，实不为多也。

② 仁为最高之德，而兼统诸德，但孔子未尝以知为一德，故仁之中，实不涵知，而可以失于愚。《论语》尝载：“子张问曰：令尹子文三仕为令尹，无喜色；三已之，无愠色。旧令尹之政，必以告新令尹。何如？子曰：忠矣。仁矣乎？曰：未知焉得仁。”（《公冶长》）或据“未知焉得仁”一句，以为仁包含知。此句实与“不知其仁也”，“仁则吾不知也”（《宪问》）同义，并非谓既未有智，岂得为仁。仁实不包知。

第二课

兼爱

墨子以兼爱为人类生活之最高准则。墨子哲学之出发点是利。墨子所谓利乃指人民之大利，而非一人之私利。墨子的一切主张，都以求天下人民之大利为基本。自孔子以仁为人生之道，仁亦成了一般人的最高理想。墨子亦说仁，但以利言仁。

墨子曾说：

> 仁人之所以为事者，必兴天下之利，除去天下之害，以此为事者也。（《兼爱》中）

仁者，即能为天下人民兴利除害的人。墨子更崇尚义，认为义是一切事中之最可贵的。墨子说：

墨子更崇尚义，认为义是一切事中之最可贵的。

> 万事莫贵于义。（《贵义》）

在墨子，义也即是当然、应该的意思。墨子亦以利言义，凡有利于天下人民者，即是应当的；无利于天下人民者，即是不应当的。而所以贵义，即以义能利民。墨子说：

> 今用义为政于国家，人民必众，刑政必治，社稷必安。所为贵良宝者，可以利民也。而义可以利人，故曰：义天下之良宝也。（《耕柱》）

仁之实际，义之内容，便是兼爱。

而仁之实际，义之内容，便是兼爱。最有利于天下人民之行为，便是兼爱。兼爱乃是根本的当然准则。兼爱之“兼”是总全的意思，也即是合而不别的意思。兼爱即是对一切人无所不爱,不分远近,不分等级,广泛地爱所有人民,也即是无差等之爱。兼爱亦简称为兼。兼与别相对。别是分别人我,自爱而不爱人;兼则是不分人我,视人如己,为人犹为己。墨子以为兼即是义,乃行为所当遵循之最高准则。

墨子认为天下之乱,皆由于人不相爱,求天下治,必须实行兼爱。

墨子认为天下之乱,皆由于人不相爱,求天下治,必须实行兼爱。《墨子》书云:

> 凡天下祸篡怨恨,其所以起者,以不相爱生也。是以仁者非之。既以非之,何以易之?子墨子言曰:以兼相爱交相利之法易之。然则兼相爱交相利之法,将奈何哉?子墨子言:视人之国若视其国,视人之家若视其家,视人之身若视其身。(《兼爱》中)

兼爱,简言之仅曰"兼";详言之,则曰"兼相爱交相利"。

兼爱,简言之仅曰"兼";详言之,则曰"兼相爱交相利"。墨家言爱,以利为本,爱人即是利人。兼相爱交相利,即不分别人与我,视人之身家国,若己之身家国。《墨子》书又云:

> 分名乎天下爱人而利人者,别与兼与?即必曰:兼也。然即之交兼者,果生天下之大利者与?是故子墨子曰:兼是也。且乡吾本言曰:仁人之事,必务求兴天下之利,除天下之害。今吾本原兼之所生,天下之大利者也;吾本原别之所生,天下之大害者也。是故子墨子曰:别非而兼是者,出乎若方也。(《兼爱》)

兼则可生天下之大利,别则生天下之大害。故应"兼以易别"。如天下人皆兼相爱,则一切不道德的行为皆无有,而天下也就大治了。《墨子》书云:

> 若使天下兼相爱,爱人若爱其身,犹有不孝者乎?视父兄与

君若其身,恶施不孝?犹有不慈者乎?视弟子与臣若其身,恶施不慈?故不孝不慈亡有。犹有盗贼乎?视人之室若其室,谁窃?视人身若其身,谁贼?故盗贼亡有。犹有大夫之相乱家,诸侯之相攻国者乎?视人家若其家,谁乱?视人国若其国,谁攻?故大夫之相乱家,诸侯之相攻国者亡有。若使天下兼相爱,国与国不相攻,家与家不相乱,盗贼无有,君臣父子皆能孝慈。若此则天下治。(《兼爱》上)

兼爱乃道德之基本,治乱之枢纽。如能兼爱,则孝慈等德行,自然全备;而一切扰乱,自然无有。《墨子》书又云:

兼爱乃道德之基本,治乱之枢纽。

兼者圣王之道也,王公大人之所以安也,万民衣食之所以足也。故君子莫若审兼而务行之。为人君必惠,为人臣必忠,为人父必慈,为人子必孝,为人兄必友,为人弟必悌。故君子莫若欲为惠君、忠臣、慈父、孝子、友兄、悌弟,当若兼之不可不行也。此圣王之道,而万民之大利也。(《兼爱》下)

兼可以统诸德,能行兼则惠、忠、慈、孝、友、悌,不必一一用力,而自然齐备。故兼为最基本之德,而是实行诸德之简易道路。孔子以仁统诸德,墨子则以兼统诸德。

孔子以仁统诸德,墨子则以兼统诸德。

实行兼爱者,名为兼士;反对兼爱者,名为别士。《墨子》书中论述兼士与别士之言行云:

别士之言曰:吾岂能为吾友之身,若为吾身;为吾友之亲,若为吾亲?是故退睹其友,饥即不食,寒即不衣,疾病不待养,死丧不葬埋。别士之言若此,行若此。兼士之言不然,行亦不然。曰:吾闻为高士于天下者,必为其友之身若为其身;为其友之亲，若为其亲。然后可以为高士于天下。是故退睹其友，饥则食之，寒则衣之，疾病待养之，死丧埋葬之。兼士之言若此，行若此。（《兼爱》下）

兼是完全视人如己，无所分别，待自己怎样，待人也怎样。如此行兼，固是直接的利人，而实亦间接的利己。自己亦必受兼爱之利。《墨子》书说：

夫爱人者，人必从而爱之；利人者，人必从而利之。恶人者，人必从而恶之；害人者，人必从而害之。（《兼爱》中）

兼则人己两益，别则不利人而亦未必利己。

兼爱之极，则对天下之人无所不爱，廓然大公，无所偏私。《墨子》书云：

《泰誓》曰：文王若日若月，乍照光于四方，于西土。即此言文王之兼爱天下之博大也，譬之日月，兼照天下之无有私也。即此文王兼也。（《兼爱》下）

最大之兼爱，则如日月之兼照天下之无私。

兼爱是对于一切人，无所不爱；不过大部分人，尚且不曾知其名，不曾见其面，如何也同等地爱之助之呢？

兼爱是对于一切人，无所不爱；不过大部分人，尚且不曾知其名，不曾见其面，如何也同等地爱之助之呢？墨子达到普遍的兼爱之方法，是时时刻刻都在努力求天下之大利而除其害。一切活动，都为大众，而不为自己或亲近的人。如此便是爱一切人。墨子曾说：

凡言凡动，利于天鬼百姓者为之。凡言凡动，害于天鬼百姓者舍之。（《贵义》）

嘿则思，言则诲，动则事，使三者代御，必为圣人！必去喜，去怒，去乐，去悲，去爱，去恶，而用仁义！手足口鼻耳，从事于

义！（同上）

凡言凡动，皆以利民为务；时时劳作，不动情感。墨子是极能自苦以为义的。《墨子》书载：

墨子是极能自苦以为义的。

> 子墨子自鲁即齐，过故人，谓子墨子曰：今天下莫为义，子独自苦而为义，子不若已！子墨子曰：今有人于此，有子十人。一人耕而九人处，则耕者不可以不益急矣。何故？则食者众而耕者寡也。今天下莫为义，则子如劝我者也，何故止我？（《贵义》）

天下莫为义，而墨子乃更加倍地努力为义，这正是墨子的崇高伟大精神之表现。孟子论述墨子的行为云：

天下莫为义，而墨子乃更加倍地努力为义，这正是墨子的崇高伟大精神之表现。

> 墨子兼爱，摩顶放踵，利天下，为之。（《尽心》）

只要能利天下，虽牺牲自己的身体亦所不惜，遑论其他？墨子的生活，是“以绳墨自矫，而备世之急”；“日夜不休，以自苦为极”（《庄子·天下》）。墨子实行极端的苦行，其目的非以“求富贵干福禄”，而是为“兴天下之利，除天下之害”。实行兼爱，便需如此刻苦力行。墨子一生，凄凄惶惶，奔走救世，“腓无胈，胫无毛”（《庄子·天下》），其大弟子禽滑釐，亦“手足胼胝，面目黧黑，役身给使，不敢问欲”（《墨子·备梯》）。《淮南王书》称“墨子服役者百八十人，皆可使赴火蹈刃，死不旋踵”（《泰族训》）。墨子及其弟子，都是努力实行兼爱的。

墨子以后，与墨子相似的思想家，有宋钘。（《庄子·天下》及《荀子·非十二子》皆作宋钘，《孟子·告子》作宋牼，《庄子·逍遥游》及《韩非子·显学》作宋荣。）宋钘并不是一个纯粹的墨者，他颇有独立的思想。但他的行为与精神，与墨子最相近。他亦是极能自己刻苦

实行兼爱的。宋子之书已亡,《庄子·天下》述其言行云:

> 不累于俗,不饰于物,不苛于人(苛原作苟,今从章校),不忮于众。愿天下之安宁,以活民命。人我之养,毕足而止。以此白心。……见侮不辱,救民之斗,禁攻寝兵,救世之战。以此周行天下,上说下教,虽天下不取,强聒而不舍者也。故曰上下见厌,而强见也。虽然,其为人太多,其自为太少。曰情固欲寡(原作请欲固置,从唐钺先生校)。五升之饭足矣。先生恐不得饱,弟子虽饥,不忘天下,日夜不休,曰:我必得活哉?图傲乎救世之士哉!曰君子不为苛察,不以身假物,以为无益于天下者,明之不如已也。以禁攻寝兵为外,以情欲寡浅为内,其小大精粗,其行适至是而止。

宋子亦以求天下人民之大利为本,认为凡无利于天下者,则不必讲求之。

宋子亦以求天下人民之大利为本,认为凡无利于天下者,则不必讲求之。为求天下之安宁以活民命,故周行说教。自己不必得活,而必奔走救世;虽饥亦不忘天下。先人后我,自苦以助人。宋子所立之说,为"见侮不辱","情欲寡浅"。告人以见侮非辱,不必因受侮而相斗。人之情本欲少不欲多,不必求多而相争。墨子教人兼爱,宋子则教人不斗。不斗是兼爱的消极方面。墨子亦尝云:"君子不斗。"(《耕柱》)宋子即就此点特别发挥。宋子的行动,是很能表现兼爱精神的。为人多,而为己少;不顾自己的饥饱,而必救世。墨子、禽滑釐以后,最能自苦以兼爱天下者,当推宋子。①

《墨经》中亦有论兼爱的话。

《墨经》中亦有论兼爱的话。战国时,其他各家对于兼爱颇多论难。《墨经》中所说,即对于此类论难之辩驳。《经下》云:

> 无穷不害兼。说在盈否。

《经说》下云：

> 无，南者，有穷则可尽，无穷则不可尽。有穷无穷未可知，则可尽不可尽未可知。人之盈否未可知，而必人可尽不可尽亦未可知。而必人之可尽爱也，悖。人若不盈，先穷，则人有穷也。尽有穷，无难。盈无穷，则无穷尽也。尽有穷，无难。

批评兼爱者，谓无穷害兼。墨家则谓：无穷不害兼，只须问人盈满与否。难者谓：南方有穷无穷未可知，其可尽与不可尽未可知，人盈满南方与否亦未可知，故人之可尽爱与不可尽爱亦未可知，而必以为人可尽爱，实悖。墨家的答辩是：人如不能盈满南方，则人数有穷，尽爱此有穷之人，无难。如人能盈满南方，则无穷之南方亦有尽，尽爱此有穷之人，亦无难。无论人盈满南方与否，尽爱之，皆无难。故无穷不害兼。

批评兼爱者，谓无穷害兼。

《经下》又云：

> 不知其数，而知其尽也，说在问者。

《经说》云：

> 不，不智其数，恶智爱民之尽之也？或者遗乎，其问也，尽问人，则尽爱其所问。若不智其数，而智爱之尽之也，无难。

难者谓：不知人民之数，何以知爱人之尽也？墨家的答辩是：如有所遗失，则遍问人，虽不知其所遗失之数，而实尽爱之。故不知人民之数而尽爱人民，实无难。

《经下》又云：

> 不知其所处，不害爱之，说在丧子者。

《经说》中无此条之说。意谓虽不知其所在之处，亦无害于爱之。如丧子者，其子走失，不知其何在，然父母仍爱之，故虽不其知处，无妨于爱。

墨子兼爱，是尽爱全体人民，虽地域无穷，人数不可知，更不能尽知人之所在，但皆无害于尽爱一切人民。

墨子兼爱，是尽爱全体人民，虽地域无穷，人数不可知，更不能尽知人之所在，但皆无害于尽爱一切人民。只要时时所为所作，皆以求天下人民之大利为目的，而不特殊为某一部分人谋利，就是尽爱全民了。

《墨经》中又有关于仁义之界说。《经上》云：

仁，体爱也。

《经说》上云：

仁，爱己者，非为用己也，不若爱马者。

体爱者，以己体人之爱，即爱人如己，爱己非为用己，爱人亦非为用人，与爱马不同。《经上》又云：

义，利也。

《经说》上云：

义，志以天下为芬，而能能利之，不必用。

义即是以天下为己分，而能兼利之。（谭戒甫《墨经易解》云：《释名》云：能该也，无物不兼该也。）而不必见用。《墨经》认为义利同指。

《墨经》中又有所谓“任”，《经上》云：

任，士损己而益所为也。

《经说》上云：

任，为身之所恶，以成人之急。

任是忘己济人，损己以益其所为之事业。尽心所作，不顾自身，即是任。这是墨家所特别注重的道德。

墨子的兼爱，是不分远近、不分阶级的无差等之爱。在原则上，是一律同等；在实际上，则难以无先后缓急之序。初期的墨家，对此不甚注意。后来乃渐渐注意及之。与孟子同时的墨者夷之，即曾提出对于兼爱的修正学说。《孟子》书中述夷子之言云：

墨子的兼爱，是不分远近、不分阶级的无差等之爱。

之则以为爱无差等，施由亲始。（《滕文公》）

爱虽是无差等，而施爱不能无先后。应先爱父母，而后及于他人。

《墨子·大取》篇中，乃讲所谓“伦列”。《大取》云：

义可厚，厚之；义可薄，薄之。谓伦列。德行，君上，老长，亲戚，此皆所厚也。为长厚，不为幼薄，亲厚厚，亲薄薄。亲至，薄不至。

《大取》又谓“爱无厚薄”。爱不可以私意而有厚薄，但可以义而分厚薄。义当厚，则厚；义当薄，则薄。此是爱之伦列。伦列犹言秩序。兼爱是对一切人无所不爱，而实际上则不能完全无分别。对于有德行之人，君上、年老者及亲戚之爱，应特别加厚。但为年长者则特别加厚，而非对年幼者特别减薄。对年幼者仍如常，只不如对年长者之厚而已。亲戚皆所应厚，而亦有不同，近亲则厚，远亲则稍薄；而厚爱可至极，薄则不能至极。此所谓伦列之爱，与儒家之由己推人、由近及远不同。此所厚之德行，老长，皆非必近。己之父母固是老长，他人之父母亦是老长，皆应厚之。所谓义者，以天下之大利为准。如厚之而有利于天下，是谓义可厚。《大取》又云：

体渴兴利，有厚薄而无伦列之兴利，为己。

当竭其力，以为天下兴利。但如以私意为厚薄，而不依伦列，其兴利乃是为私。《大取》又云：

爱人不外己，己在所爱之中。己在所爱，爱加于己。伦列之爱己爱人也。

墨家主张不爱己而只爱人，但爱人者人亦爱之，故爱实亦加于己。

墨家主张不爱己而只爱人，但爱人者人亦爱之，故爱实亦加于己。此乃伦列之爱己爱人。

《大取》亦言广泛的兼爱云：

爱众世与爱寡世相若，兼爱之有相若。爱上世与后世，一若今之世。

今世人民，无论众寡，皆无所不爱，而对于上世及后世，亦爱之如今世。《大取》又云：

断指断腕，利于天下相若，无择也。死生利若一，无择也。

可以牺牲生命以利天下，这是墨家兼爱的伟大精神。

平时遇危害，则断指以存腕。而如有大利于天下，则断腕亦无不可。不仅如此，如死能利天下，亦将舍生。可以牺牲生命以利天下，这是墨家兼爱的伟大精神。

《小取》篇亦论爱云：

爱人待周爱人，而后为爱人。不爱人不待周不爱人，失周爱，因为不爱人矣。

必遍爱一切人，方为爱人；不遍爱一切人，虽有所爱，亦不为爱人。兼爱才是爱，不兼爱即不是爱。这是墨家极其注重兼的主张。

兼爱之实际，便是将个人完全纳入于人群中，以感到群我不分。我的一举一动，都是为群，而丝毫不自私。完全公而无私，精神的提高，乃达到了极点。不过事实上，达到此境界，实在极难，绝非可望之于人人。

墨子的兼与孔子的仁大体相近，然亦颇不同。仁是由己推人，由近及远，以自己为起点，而渐渐扩大；由近远之程度，而有厚薄。兼则是不分人我，不分远近，对一切人，一律同等爱之助之。所以仁是有差等的，兼是无差等的。即后期墨家所讲伦列之爱，亦非依远近而分等级。在实际上，墨子讲兼，亦未尝主张废除阶级；但是主张对不同的阶级，都同等地爱之。仁则对不同阶级的人，爱助之道即有所不同。又仁的爱人，注重促进人之道德的自觉；兼则注重物质上的利人。总之，仁的含义，较为复杂曲折；兼则单纯直截。

墨子的兼与孔子的仁大体相近，然亦颇不同。

兼在实际上可谓含有群我一体的意思，不过墨家在理论上未明白发挥出来。由兼爱本可发展成人群一体，或群我一体的思想。群体是一整个，其中各分子应共谋共进。惜乎后来的哲学家多喜玄虚，跳过这一点，而讲天地一体，泛爱万物，与天为一，与万物为一体，说得固然穷高极妙，实际上除得到一种神秘的愉悦外，别无多少实益。中国历来所最缺乏的，是群我一体的思想。墨子的兼爱，颇与此种观念相近。

周秦之际之儒家之所作之《礼运》，有“大同”之说，以大同为人类社会之最高理想。所谓大同，实即以兼爱为原则之社会。《礼运》云：

所谓大同，实即以兼爱为原则之社会。

昔者仲尼与于蜡宾，事毕，出游于观之上，喟然而叹。仲尼之叹，盖叹鲁也。言偃在侧，曰：君子何叹？孔子曰：大道之行也，与三代之英，丘未之逮也，而有志焉。大道之行也，天下为公，选贤与能，讲信修睦。故人不独亲其亲，不独子其子。使老有所终，壮有所用，幼有所长，矜寡孤独废疾者皆有所养。男有分，女有归，货恶其弃于地也，不必藏于己。力恶其不出于身也，不必为己。是故谋闭而不兴，盗窃乱贼而不作。故外户而不闭。是谓大同。今大道既隐，天下为家，各亲其亲，各子其子，货力为己，大人世及以为礼。城郭沟池以为固。礼义以为纪，以正君臣，以笃父子，以睦兄弟，以和夫妇，以设制度，以立田里。以贤勇知，以功为己。故谋用是作，而兵由此起。禹汤文武成王周公，由此其选也。此六君子者，未有不谨于礼者也。以著其义，以考其信，著有过，刑仁讲让，示民有常。如有不由此者，在势者去，众以为殃。是谓小康。

此区别有秩序之社会为二型：一为大同，一为小康。

最高之理想境界，乃是大同。大同社会，以“天下为公”为原则。

此称述孔子与子游之问答，大概《礼运》之作者，乃属于所谓“子游氏之儒”。此区别有秩序之社会为二型：一为大同，一为小康。所谓小康，实即儒家原来所推崇之社会制度。而此篇以为此种社会限制，并非尽善尽美。最高之理想境界，乃是大同。大同社会，以“天下为公”为原则。天下为公，实即墨子所谓“以兼易别”。而“不独亲其亲，不独子其子”，实即墨子所谓兼爱。“货恶其弃于地也，不必藏于己；力恶其不出于身也，不必为己”，更可谓兼爱之至极。而“使老有所终，壮有所用，幼有所长，矜寡孤独废疾者皆有所养”，则较墨子之兼爱说尤为具体而易行。“男有分”，可别为两方面：一各做其当做之工作，二各享其当享之享受。“女有归”，即谓男女匹合，皆得其适。大同实乃儒家吸取墨家思想后创立之社会理想。

《礼运》又云：

> 故圣人乃以天下为一家，中国为一人者，非意之也，必知其情，辟于其义，明于其利，达于其患，然后能为之。何谓人情？喜怒哀惧爱恶欲七者，弗学而能。何谓人义？父慈、子孝、兄良、弟悌、夫义、妇听、长惠、幼顺、君仁、臣忠，十者谓之人义。讲信修睦，谓之人利。争夺相杀，谓之人患。

“以天下为一家”，即兼爱全人类。“以中国为一人”，可谓即通国一体之说。此通国一体之思想，可谓较墨家兼爱说为进一步。由兼爱说而发展，可得到一群一体，或通国一体之观念。但墨家未尝做此种推衍。至《礼运》乃始有此种观念。此篇兼言义利，大概亦是受墨家之影响。而以争夺相杀为人患，与墨家以不相爱为人之大患亦同。②

“以天下为一家”，即兼爱全人类。

注释：

①《荀子·非十二子》以墨翟、宋钘为一派，《庄子·天下》则以墨翟、禽滑釐为一派，宋钘、尹文为一派。《韩非子·显学》述三墨，亦无宋子一派。大概宋子不是纯粹的墨徒。然其思想行为，实与墨子最相近。《庄子·天下》中所述，谓系宋钘、尹文二人之说。但《荀子·正论》述宋子见侮不辱，情欲寡之说，只谓是宋子一人之说，未尝言及尹文。《荀子·天论》及《韩非子·显学》亦有关于宋子思想之相似的论述。亦皆不言尹文。盖《天下篇》此节所说，实以宋钘为主，其中大部分皆宋子之思想。尹文当系宋钘弟子，是宣扬宋子学说的。

② 近人多谓《礼运》大同之说，乃受道家之影响，盖根据“大道之行也”，“大道既隐”等语。然篇中所云“选贤与能”，明与道家思想相背。而“货恶其弃于地也”，“力恶其不出于身也”，亦深违道家无为之义。所以即使《礼运》之作者，尝受道家之影响，而所受道家之影响，实不如所受墨家之影响之深且巨。故今断定大同学说，乃儒家吸取墨家思想后而创立的。

第三课

无为

先秦哲学中,在仁与兼爱外,第三个最有影响的人生理想论,便是无为。无为的学说,发自老子。老子是道家的创始人。春秋时代,有许多主张避世洁身的隐者。所谓道家者流,实源于此类隐者。

与孔子同时的隐者，不赞成孔子奔走救世的行为，常予孔子以讽讥。《论语》所载，孔子所遇到的隐者，有晨门、荷蒉、接舆、荷蓧丈人、长沮、桀溺等。这些隐者，都颇有学识，见天下之乱，以为无可挽救，晨门谓孔子为“知其不可而为之者”，隐者则是知其不可而不为者。子路评荷蓧丈人：“长幼之节，不可废也；君臣之义，如之何其废之？欲洁其身，而乱大伦！”隐者即是欲洁其身，而废所谓君臣之义的。墨子时，亦有此类隐者。《墨子》书载：“有吴虑者，冬陶夏耕，自比于舜。墨子闻而见之，谓墨子曰：义耳义耳！焉用言之哉？”（《鲁问》）此辈隐者反对救世，反对立言，所以他们也并没有正式成立系统的学说。

隐者即是欲洁其身，而废所谓君臣之义的。

在墨子以后，乃有一个隐者杨朱提出“为我”之说。杨子并无著作传世，孟子曾论述杨子之言行云：

在墨子以后，乃有一个隐者杨朱提出“为我”之说。

> 杨子取为我，拔一毛而利天下，不为也！（《尽心》）

《吕氏春秋》云：

> 阳生贵己。（《不二》。《文选》谢灵运《述祖德诗》李注引作“杨朱贵己”。阳杨古通。）

《淮南王书》云：

全性保真，不以物累形，杨子之所立也，而孟子非之。（《氾论训》）

关于杨朱的思想，现在所有之史料，止于此而已。贵己亦即为我。全性保真，不以物累形，亦即重我轻物之意。杨子的学说，其详不可得知，今试推阐其大意。为我实即不为君，不为天下。杨子大概目睹当时战争过多，人民竟成为君主争城争地的工具。实则为君主之自己，而牺牲我之自己，有何意义？人唯当以自己为目的，以全我之性，保我之真，而不当追逐外物，不当为他人之工具。杨子之主要意思，实在于教人不做君主之工具，所以孟子批评杨子为“无君”。杨子可以说是中国思想史上第一个注重个人的。“为我”是真实自爱之意，并非损人以自利，更非纵情肆欲。（古有杨朱哭于歧路之传说。《荀子·王霸篇》：“杨朱见衢路而哭之。”大概杨子认为“为我”与“为君”是莫大之歧路，人不知自己爱重其我，而为君主作无谓的牺牲，是大堪悲痛的。）

杨子的学说，其详不可得知，今试推阐其大意。

孟子谓：“杨朱墨翟之言盈天下。天下之言不归杨，则归墨。”可见杨朱的学说在当时甚有势。韩非曾云：

今有人于此，义不入危城，不处军旅，不以天下大利易其胫一毛，世主必从而礼之，贵其智而高其行，以为轻物重生之士也。（《显学》）

这大概即是指杨朱之徒。今存先秦古籍中所载，思想与杨子最相近的人，有华子。（《吕氏春秋》作子华子，《庄子·则阳》有华子，当系一人。）《吕氏春秋》云：

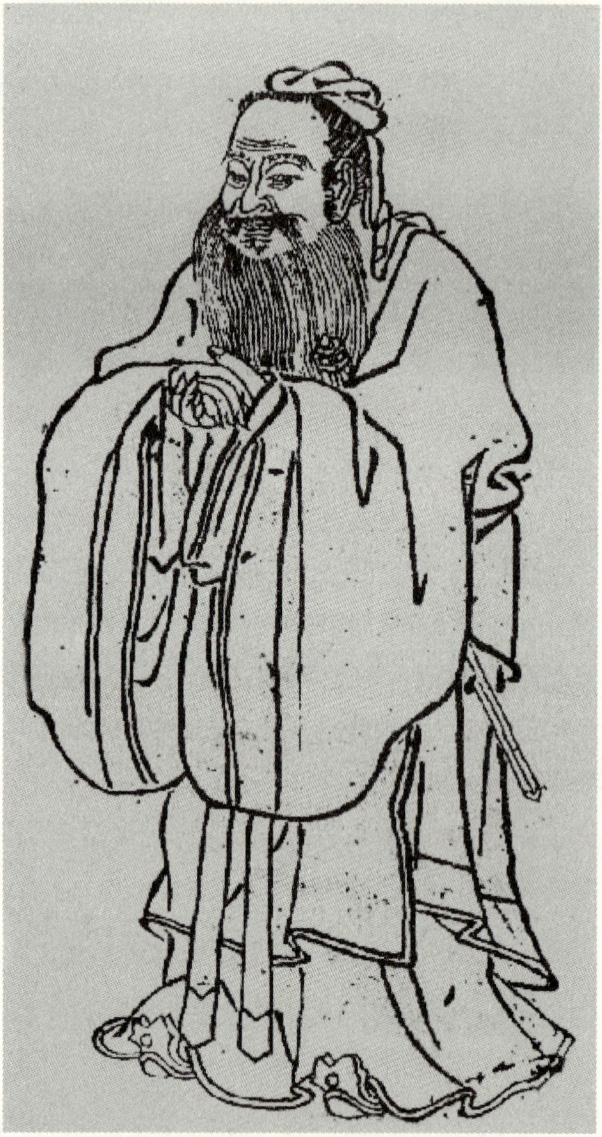

老子 >>>

韩魏相与争侵地。子华子见昭釐侯,昭釐侯有忧色。子华子曰:今使天下书铭于君之前,书之曰:左手攫之则右手废,右手攫之则左手废;然而攫之必有天下。君将攫之乎?亡其不与?昭釐侯曰:寡人不攫也。子华子曰:甚善!自是观之,两臂重于天下也。身又重于两臂。韩之轻于天下远,今之所争者,其轻于韩又远。君固愁身伤生以忧之,戚不得也?昭釐侯曰:善!教寡人者众矣,未尝得闻此言也。(《审为》)

以两臂为重于天下,即是轻物重生之意。据此文华子与韩昭侯同时,即与孟子并世而稍早。《吕氏春秋》又云:

子华子曰:全生为上,亏生次之,死次之,迫生为下。(《贵生》)

以全生为上,也即重生的意思。重生是与为我一贯的。为我便是重己之生。

战国时,持重生之说者,又有詹何。

战国时,持重生之说者,又有詹何。《吕氏春秋》云:

中山公子牟谓詹子曰:身在江海之上,心居乎魏阙之下,奈何?詹子曰:重生!重生则轻利。中山公子牟曰:虽知之,犹不能自胜也。詹子曰:不能自胜,则纵之。神无恶乎?不能自胜,而强不纵者,此之谓重伤。重伤之人,无寿类矣。(《审为》)

《韩非子·解老篇》载有詹何佚事。詹何盖亦战国时一著名隐者。詹子讲重生轻利,议论与华子仿佛。杨子、华子、詹子,皆将自己之生看作第一重要的,人生之至要之务,即在保全自己之生。

老子是一个极能深思的隐者,成立了一个博大精深的哲学系统。

老子是一个极能深思的隐者,成立了一个博大精深的哲学系统。他的学说的影响甚大,与孟子同时许多学者,如慎到、田骈、庄子,都曾受其影响。但因为他是一个隐者,所以关于他的行事,当时人知道的就很少。在中国哲学史上,影响最大的思想家,孔子以外,便是老子。老子的贡献,在其宇宙论;其人生论,是从其宇宙论衍来的。他认宇宙之本根是道,而道是无为的;人应依循道,所以人也应无为。无为是老子人生论之中心观念。老子说:

老子的贡献,在其宇宙论;其人生论,是从其宇宙论衍来的。

天下有始,以为天下母。既得其母,以知其子。既知其子,复守其母,没身不殆。(《下篇》)

天下之母,即道。由道则可以知天下万物之情况。既知天下万物之情况,而复守此道,则可以没身不殆了。老子又说:

孔德之容。唯道是从。(《上篇》)

孔德即大德。大德之行为生活,与道为一,唯遵循乎道。老子又说:

大德之行为生活,与道为一,唯遵循乎道。

飘风不终朝,骤雨不终日,孰为此者?天地。天地尚不能久,而况于人乎?故从事于道。道者同于道,德者同于德,失者同于失。同于道者,道亦乐得之;同于德者,德亦乐得之;同于失者,失亦乐得之。(《上篇》)

飘风不能终朝,骤雨不能终日,从事于激烈的作为,必不能持久。人如欲持久,必须从事于道,效法道之所为。从事于道,最高者则能同于道;其次能同于德;即最下虽不能同于道或德,亦能尽去人为矫饰,而达到“失”的境界。老子又说:

为学日益,为道日损。损之又损,以至于无为。无为而无不为。(《下篇》)

为道即从事于道。“损”与“失”义近。损之又损,则能同于道而无为了。无为即自然之意。无意于为,虽为亦是无为,故无为则能无不为。孔墨之道都是益,老子之道则是损。孔墨皆是有为,老子则是无为。老子又说:

圣人处无为之事,行不言之教。万物作焉而不为始,生而不有,为而不恃,功成而弗居。(《上篇》)

为无为,事无事,味无味,大小,多少,报怨以德。(《下篇》)

为者败之,执者失之。是以圣人无为故无败,无执故无失。(《下篇》)

圣人以"无为"为事,一任万物之自然。以"无为"为为,以无事为事,以无味为味,以小为大,以少为多,而报怨以德。有为终必失败,无为则无败。老子又说:

是以圣人之治,虚其心,实其腹;弱其志,强其骨。常使民无知无欲,使夫智者不敢为也。为无为,则无不治。(《上篇》)

无为即去掉一切智慧欲望,而过自然的生活。老子以为能无为则天下大治。

老子的无为思想,是孔墨的积极救世的行为之反动,而亦与杨朱不同。

老子的无为思想,是孔墨的积极救世的行为之反动,而亦与杨朱不同。杨朱虽反对积极救世,而仍主为我,自贵其生,自重其身。老子则主张"不自生"、"无身"。老子说:

天长地久,天地所以能长且久者,以其不自生,故能长生。是以圣人后其身而身先,外其身而身存,非以其无私邪?故成其私!(《上篇》)

自贵其生,适足以损其生;不自贵其生,然后能长生。自重其身,适所以害其身;自外其身,方足以存其身。

老子又说：

> 吾所以有大患者，为吾有身，及吾无身，吾有何患？（《上篇》）

一切忧患，皆起于有此身。自贵其身，则其患益甚。唯不有其身，而自外其身，然后能免于患。老子又说：

一切忧患，皆起于有此身。

> 出生入死。生之徒十有三，死之徒十有三，人之生生而动，动之死地，亦十有三。夫何故？以其生生之厚。（《下篇》）

人之出入于生死，能全其生者不过十之三，不得生而至于死者十之三，虽未死而在向死而趋者亦十之三。所以生不易而死易者，皆由其过于自生其生。善养其生者，不自生其生。老子说：

> 夫唯无以生为者，是贤于贵生！（《下篇》）

无为而至于"无以生为"，可谓达到无为之极致了。老子又说：

> 是以圣人自知不自见，自爱不自贵，故去彼取此。（《下篇》）

圣人自爱而已，而不自贵。后其身而身先，如自贵其身，则人必贱之了。杨朱贵己重生的思想，是老子所不取的。

在有为的人群中，个人如何实行无为？则在于守柔。老子极注重柔弱。《吕氏春秋》云："老聃贵柔。"（《不二》）老子以为个人处世，应以柔弱为主。老子说：

在有为的人群中，个人如何实行无为？则在于守柔。

> 反者道之动，弱者道之用。（《下篇》）

道之运用，是柔弱的。所以人也应该柔弱。老子说：

> 人之生也柔弱；其死也坚强。草木之生也柔弱；其死也枯槁。故坚强者死之徒，柔弱者生之徒。（《下篇》）

天下之至柔，驰骋天下之至坚。无有入无间。吾是以知无为之有益。不言之教，无为之益，天下希及之。（同上）

天下莫柔弱于水，而攻坚强者莫之能先，其无以易之地。弱之胜强，柔之胜刚，天下莫不知，莫能行。（同上）

柔弱乃与生为类的，坚强乃与死为类的。坚强无益而有害，柔弱而无害而有大益。柔弱既不伤人，而足以胜刚强。老子重柔弱，柔既使人不伤己，而亦所以不伤人。《庄子·天下》论述老子之学云：

老子重柔弱，柔既使人不伤己，而亦所以不伤人。

以本为精，以物为粗，以有积为不足。……以濡弱谦下为表，以虚空不毁万物为实。……曰：知其雄，守其雌，为天下谿。知其白，守其辱，为天下谷。人皆取先，己独取后，曰受天下之垢。人皆取实，己独取虚，无藏也，故有余，岿然而有余。其行身也，徐而不费；无为也，而笑巧。人皆求福，己独曲全，曰苟免于咎。以深为根，以约为纪，曰坚则毁矣，锐则挫矣！常宽容于物，不削于人。

老子以濡弱谦下为处世之法，意在于虚空不毁万物。老子也注重利人利物。他曾说：

老子也注重利人利物。

上善若水。水善利万物而不争，处众人之所恶，故几于道。（《上篇》）

水固然是攻坚强者莫之能先，但更善利万物而不争。老子又说：

圣人常善救人，故无弃人；常善救物，故无弃物。是谓袭明。（《上篇》）

老子实讲救人救物，使人无弃人，物无弃物。有为则有所取有所

弃,无为则无所取亦无所弃。老子又说:

> 圣人不积。既以为人已愈有,既以与人已愈多。天之道,利而不害;圣人之道,为而不争。(《下篇》)

有积则不足,为人亦所以为已。

老子又讲所谓三宝,他说:

> 我有三宝,持而宝之。一曰慈,二曰俭,三曰不敢为天下先。慈故能勇;俭故能广;不敢为天下先,故能成器长。今舍慈且勇,舍俭且广,舍后且先,死矣!夫慈,以战则胜,以守则固。天将救之,以慈卫之。(《下篇》)

慈、俭、不敢为天下先,皆与柔弱相通。善利万物而不争,救人救物,皆是慈的含义。俭即“去甚去奢去泰”(《上篇》),不敢为天下先即后其身之义。

慈、俭、不敢为天下先,皆与柔弱相通。

柔弱之极,则如婴儿。老子以为最有修养的人,是如婴儿的。老子说:

> 专气致柔,能婴儿乎?(《上篇》)
>
> 知其雄,守其雌,为天下谿。为天下谿,常德不离,复归于婴儿。(同上)
>
> 含德之厚,比于赤子。蜂虿虺蛇不螫,猛兽不据,攫鸟不搏。骨弱筋柔而握固,未知牝牡之合而阴作,精之至也。终日号而不嗄,和之至也。(《下篇》)

婴儿柔弱之至。真能无为而无不为。老子更形容其理想的人格之行为态度云:

古之善为士者，微妙玄通，深不可识，夫唯不可识，故强为之容。豫焉若冬涉川，犹兮若畏四邻，俨兮其若客，涣兮若冰之将释。敦兮其若朴，旷兮其若谷，混兮其若浊。孰能浊以止，静之而徐清？孰能安以久，动之而徐生？保此道者不欲盈，夫唯不盈，故能敝复新成。（《上篇》）

此皆极其形容有修养的人，即老年而如婴儿者之柔弱无为的状态。这种理想人格，是颇有神秘性的。

这种理想人格，是颇有神秘性的。

能修养到此境界，亦谓之玄同。老子说：

挫其锐，解其分，和其光，同其尘，是谓玄同。故不可得而亲，不可得而疏，不可得而利，不可得而害，不可得而贵，不可得而贱。故为天下贵。（《下篇》）

挫锐解分，和光同尘，即是不自别异，自忘其我。

老子讲无为，所以对于儒家的仁义礼等德，皆加排斥。

老子讲无为，所以对于儒家的仁义礼等德，皆加排斥。老子说：

上德不德，是以有德。下德不失德，是以无德。上德无为而无以为；下德无为而有以为。上仁为之而无以为。上义为之而有以为。上礼为之而莫之应，则攘臂而扔之。故失道而后德，失德而后仁，失仁而后义，失义而后礼。夫礼者忠信之薄而乱之首；前识者道之华而愚之始。是以大丈夫处其厚不居其薄，处其实不居其华，故去彼取此。（《下篇》）

上德不自有其德，乃实有德。下德兢兢于不失德，其实无德。仁义又次于下德。上德纯然无为，下德则勉求无为；而仁义皆是有为。上仁之爱人，生于心之所不能已，非由勉强，故虽有为，而犹出于自然。上义则勉强自己。至于上礼，则完全做作，他人不从，竟加强迫了。

《老子》书中屡言反复，他的人生论，亦可谓是反复观点的运用。他见到：一切事物，发展到极度，便一变而为其反面；如欲不转为其反面，则只有勿使发展到极度，而先自取其反面的形态。所以欲存其身，必先自外其身；欲全其生，必不自贵其生。唯守柔，然后能胜刚；唯不德，然后能有德。所谓知其雄守其雌，知其白守其辱，即自居其反的意思。老子又尝说：

老子书中屡言反复，他的人生论，亦可谓是反复观点的运用。

> 物或损之而益，或益之而损。（《下篇》）

老子言"损之又损，以至于无为"，又言"无为之有益"，老子的根本意思，乃是欲"损之而益"。老子以为，如益则必至于损，唯损方能得益。所以又说：

> 曲则全，枉则直，洼则盈，敝则新，少则得，多则惑。（《上篇》）
>
> 明道若昧，进道若退，夷道若颣，上德若谷，大白若辱，广德若不足。（《下篇》）

老子即是曲以求全，枉以求直；老子之道，即是若昧之明道，若退之进道。老子更总言之云：

老子即是曲以求全，枉以求直；老子之道，即是若昧之明道，若退之进道。

> 玄德深矣远矣！与物反矣！然后乃至大顺。（《下篇》）

唯与普通之情形相反，然后方能得大顺。无为便是达到大顺之术了。

与老聃同时而或稍早者，有关尹。与关尹同时而稍晚者，有列御寇。（《庄子·天下》以关尹与老聃并论，而以关居老前，当系关尹长于老聃。《吕氏春秋·审已》载关尹与列子问答，列子似系关尹之晚

辈。)《吕氏春秋》云:

> 关尹贵清,子列子贵虚。(《不二》)

《庄子·天下》篇述关尹之学云:

> 关尹曰:在己无居,形物自著。其动若水,其静若镜,其应若响。芴乎若亡,寂乎若清。同焉者和,得焉者失。未尝先人而常随人。

这些话大体是无我顺物,因任无为之意。

这些话大体是无我顺物,因任无为之意。《天下》篇述老聃、关尹之学,有“澹然独与神明居”一语,今《老子》书不见此思想,当是关尹的思想。澹然独与神明居,亦即清之意。清与虚意义亦相近。《天下》篇所述关尹之言,也颇有虚的意思。大概关尹、列子思想甚相类。

在老子以后,有彭蒙、田骈、慎到。

在老子以后,有彭蒙、田骈、慎到。《庄子·天下》述彭蒙、田骈、慎到之学云:

> 公而不党,易而无私,决然无主,趣物而不两。不顾于虑,不谋于知,于物无择,与之俱往。……齐万物以为首,曰:天能覆之而不能载之,地能载之而不能覆之,大道能包之而不能辩之。知万物皆有所可,有所不可,故曰:选则不遍,教则不至,道则无遗者矣!是故慎到弃知去己,而缘不得已,泠汰于物,以为道理。曰:知不知,将薄知而后邻伤之者也!謑髁无任,而笑天下之尚贤也;纵脱无行,而非天下之大圣。椎拍輐断,与物宛转。舍是与非,苟可以免。不师知虑,不知前后,魏然而已矣!推而后行,曳而后往,若飘风之还,若羽之旋,若磨石之隧。全而无非,动静无过。未尝有罪。是何故?夫无知之物,无建己之患,无用知之累,动静不离于理,是以终身无誉。故曰:至于若无知之物而已,无

用贤圣。夫块不失道！豪桀相与笑之曰：慎到之道，非生人之行，而至死人之理，适得怪焉！田骈亦然，学于彭蒙，得不教焉。彭蒙之师曰：古之道人，至于莫之是莫之非而已矣！其风窢然，恶可而言！常反人，不见观，而不免于鲩断。

《慎子》逸文有云：

鸟飞于空，鱼游于渊，非术也。故为鸟为鱼者，亦不自知其能飞能游，苟知之，立心以为之，则必坠必溺。犹人之足驰手捉，耳听目视；当其驰捉听视之际，应机自至，又不待思而施之也。苟须思之而后可施之，则疲矣。是以任自然者久，得其常者济。

荀子曾说：

慎子有见于后，无见于先。（《天论》）

《吕氏春秋》云：

陈骈贵齐。（《不二》）

陈骈即田骈。“贵齐”即“齐万物以为首”。田骈、慎到之“道”的观念，是由老子得来的。齐万物的思想，老子尚无有，是田骈、慎到之特创。后来惠施、庄周，都深受其影响。田骈、慎到认为万物一齐，无高下贵贱之分，所以不当选此舍彼，而应“于物无择，与之俱往”。田骈、慎到之人生论，“弃知去已”，“至于若无知之物而已”两句，足以总括之。这种思想，可以说是发挥老子的无为思想而走入极端。老子虽非薄智巧，然又谓“知常曰明”（《上篇》），“圣人自知不自见”（《下篇》），慎到则完全弃知，以无知之物为理想。可以说，老子是不要智术，慎到则并知觉亦不要。老子讲“无身”，讲“不自贵”，

齐万物的思想，老子尚无有，是田骈、慎到之特创。

慎到则彻底地“去己”，欲“决然无主，与物宛转”。老子是“后其身而身先”，关尹“未尝先人而常随人”，田骈、慎到则是未尝先物而常随物，自己毫不做主宰，一任物的摆布。慎到愿望完全受动，一切行动都缘不得已，推而后行，曳而后往。老子教人如婴儿，慎到则教人如土石。老子主张同于道，慎到则主张同于块。老子所说，犹是“生人之行”；慎到主张完全被动，便只是“死人之理”了。

老子的无为，是损之以求益。

老子的无为，是损之以求益：其后身，乃所以先身；其外身，乃所以存身；其不贵生，乃所以全生；其守柔，乃所以胜刚。慎到则只知损而不知益，只知后而不知先。老子言救物而不言随物，其无为守柔是主动的。慎到则完全随物，想做到一种全然受动的无为。老子的无为，是人的无为；慎到则欲自同于物，其无为是物的无为。田骈、慎到之学说，可以说是老子思想之一偏的发展。

田骈、慎到“于物无择，与之俱往”之说，颇有与物同体的倾向，到庄子乃发展成万物一体的思想。田骈、慎到乃是在老子与庄子中间的。

在田骈、慎到与庄子之间者，又有惠施。惠子的人生论，并不是无为。但他的思想，与道家关系甚深。他虽非道家，而亦非儒墨，以其较接近于道家，故附述于此。自田骈、慎到讲齐万物，最能以辩论证明万物之齐一者，实为惠施。他讲“天与地卑，山与泽平”，“万物毕同毕异，此之谓大同异”。惠子的人生理想，则是：

泛爱万物，天地一体也。（《庄子·天下》引）

田骈、慎到由齐物而讲随物，惠子则由齐物而讲爱物。

田骈、慎到由齐物而讲随物，惠子则由齐物而讲爱物。对于物无所不爱，普爱一切物。爱物之极，则物我不分，即与万物为一体。与万物为一体，即与天地为一体了。墨子讲兼爱，固是无所不爱，但以人为本，而不及于物。惠子乃推其爱于一切物，由爱物而达到与天地为一体之境界。此种天地一体的思想，到庄子乃得到更进一步的发挥。

道家的人生论，至庄子而大成。庄子以老子的无为思想为基本，会综、田骈、慎到的齐物思想及惠子的天地一体的观念，提出一个比较丰富的学说。老子的"微妙玄通，深不可识"的理想人格，颇有神秘性，但未尝以神秘生活为中心。关尹讲"澹然独与神明居"，较老子更倾向于神秘。到庄子，乃以神秘的精神生活为人生之最高境界。由无为而逍遥，以游心于四海之外，而与天地万物为一体，是庄子的理想生活。但庄子思想之出发点，仍在于全生保身。庄子说：

道家的人生论，至庄子而大成。

到庄子，乃以神秘的精神生活为人生之最高境界。

> 为善无近名，为恶无近刑。（张文虎云："无"读如"无乃"。）缘督以为经。（李云：督中也。）可以保身，可以全生，可以养亲，可以尽年。（《养生主》）

为善则不免近名，为恶则不免近刑。近名或近刑，皆非所以保身全生之道。莫若善恶并不为，而以中立为常，则可以保身全生了。既不为善，亦不为恶，即是无为，庄子又说：

> 无为名尸，无为谋府，无为事任，无为知主。体尽无穷，而游无朕。尽其所受于天，而无见得。亦虚而已。（《应帝王》）

去名去谋，无事无知，即是彻底的无为。如此乃能与无穷为一体，而游心于无朕，完全任天，而无意于有得。这即所谓"虚"。虚，庄子亦谓之"心斋"。庄子说：

> 若一志，无听之以耳，而听之以心。无听之以心，而听之以气。听止于耳，心止于符。气也者，虚而待物者也。唯道集虚。虚者，心斋也。（《人间世》）

不听之以耳，而听之以心，即舍外专内。不听之以心，而听之以气，即去知而任自然。以吾体之气，与外物之气相应，而毫无私意，此即是虚，亦即是心斋。能做到心斋，则能忘乎一切。《庄子·内篇》云：

> 颜回曰：回益矣。仲尼曰：何谓也？曰：回忘仁义矣。曰：可矣，犹未也！它日复见，曰：回益矣。曰：何谓也？曰：回忘礼乐矣。曰：可矣，犹未也！它日复见，曰：回益矣。曰：何谓也？曰：回坐忘矣。仲尼蹴然曰：何谓坐忘？颜回曰：堕肢体，黜聪明，离形去知，同于大通。此谓坐忘。（《大宗师》）

去知识，无思虑，自忘其形骸，而与宇宙合一。

坐忘即忘却一切，而至于无我。去知识，无思虑，自忘其形骸，而与宇宙合一。《庄子·内篇》又云：

> 以圣人之道，告圣人之才，亦易矣。吾犹守而告之，三日而后能外天下。已外天下矣，吾又守之，七日而后能外物。已外物矣，吾又守之，九日而后能外生。已外生矣，而后能朝彻，朝彻而后能见独。见独而后能无古今。无古今而后能入于不死不生。（《大宗师》）

外天下即忘世，外物即忘一切物，外生即忘自己之生，能外生即是大彻大悟，而达到一种新的境界。

外天下即忘世，外物即忘一切物，外生即忘自己之生，能外生即是大彻大悟，而达到一种新的境界，如清旦初明，由黑暗骤睹光明，即所谓朝彻。朝彻然后能见绝对之道。能见绝对，乃能超乎时间，而入于不死不生。不死不生即不朽而永存。至此境界，即与绝对之道合一。与绝对合一，亦即与天地万物为一体。庄子说：

> 天下莫大于秋毫之末，而泰山为小；莫寿乎殇子，而彭祖为夭。天地与我并生，而万物与我为一。（《齐物论》）

泰山非大,秋毫非小。彭祖非寿,殇子非夭。一切无别,天地与我,可谓并生;万物与我,实非异体。庄子又说:

> 自其异者视之,肝胆楚越也。自其同者视之,万物皆一也。夫若然者,且不知耳目之所宜!(《德充符》)

万物原只是一,我与非我本无区分。与天地并生,与万物为一,也便是:

> 官天地,府万物,直寓六骸,象耳目。一知之所知,而心未尝死者乎!(《德充符》)

与天地万物为一体,以宇宙为我,而不以小我为我,如此则视小我之存亡无甚关系,而超乎死生。形骸虽有死,而心未尝死,即不自以为死。庄子的这些思想,说来玄妙,其实都是自欺欺人之谈而已。

与天地万物为一体,即一方面无己,一方面无物。内外兼忘,物我合一。庄子说:

与天地万物为一体,即一方面无己,一方面无物。

> 至人无己,神人无功,圣人无名。(《逍遥游》)

圣人有功而无名;神人纯因自然故无功,而犹未能无己;至人则完全忘我而无己。庄子又说:

> 古之人,其知有所至矣!恶乎至?有以为未始有物者,至矣尽矣!不可以加矣!其次以为有物矣,而未始有封也。其次以为有封焉,而未始有是非也。是非之彰也,道之所以亏也。(《齐物论》)

最高者,不别内外,浑然一体,更不觉有与我相对之物。其次则不能不分物我,而不更于外物之中强加区划。未始有我,未始有物,即与宇宙为一。

庄子又常说“游乎四海之外”，“与造物者为人”，也是与天地万物为一体的境界中所有之状态。

庄子又常说“游乎四海之外”，“与造物者为人”，也是与天地万物为一体的境界中所有之状态。庄子说：

夫列子御风而行，泠然善也！旬有五日而后反。彼于致福者未数数然也。此虽免乎行，犹有所待者也。若夫乘天地之正，而御六气之辩，以游无穷者，彼且恶乎待哉？（《逍遥游》）

乘云气，御飞龙，而游乎四海之外。（同上）

若然者，乘云气，骑日月，而游乎四海之外。死生无变于己，而况利害之端乎？（《齐物论》）

彼方且与造物者为人，而游乎天地之一气。彼且以生为附赘悬疣，以死为决疣溃痈。夫若然者，又恶知死生先后之所在？假于异物，托于同体。忘其肝胆，遗其耳目。反复终始，不知端倪。茫然彷徨乎尘垢之外，逍遥乎无为之业。（《大宗师》）

予方将与造物者为人，厌则又乘夫莽眇之鸟，以出六合之外，而游无何有之乡，以处圹埌之野。（《应帝王》）

不为当前事物所拘，而超乎世俗，以游其心于无穷，亦即扩大其心，与宇宙同其辽远宏阔。这种游，是随时可做的。能游心于无穷，则死生无变于己。“与造物者为人”，即视造物如人而与之为友。如此则小己之存亡，非所容心了。所谓死生无变于己，亦只是空虚的幻想而已。

“与造物者为人”，即视造物如人而与之为友。

与天地万物为一体，或游乎四海之外，死生且无变于己，而祸福荣辱得失毁誉等，更不足以动心了。庄子说：

死生亦大矣，而不得与之变。虽天地覆坠，亦将不与之遗。审乎无假，而不与物迁。命物之化，而守其宗也。（《德充符》）

死生存亡，穷达贫富，贤与不肖毁誉，饥渴寒暑，是事之变命之行也，日夜相代乎前，而知不能规乎其始者也。故不足以滑和，不可入于灵府。（同上）

“命物之化而守其宗”，即想象与道合而为一。如此则“不与物迁”，不唯一己形体之存亡无变于己，即天地之存亡亦无所容心。如此，则能不为物所伤。庄子说：

至人之用心若镜，不将不迎，应而不藏，故能胜物而不伤。（《应帝王》）

慎到讲随物，要“决然无主，趣物而不两”，“与物无择，与之俱往”。庄子则讲“不与物迁”，“胜物而不伤”，正与慎子相反。慎到是完全被动，庄子则完全主动而不被动。庄子又说：

庄子则讲“不与物迁”，“胜物而不伤”，正与慎子相反。

之人也，物莫之伤。大浸稽天而不溺，大旱金石流土山焦而不热。（《逍遥游》）

至人神矣！大泽焚而不能热，河汉沍而不能寒，疾雷破山，飘风振海，而不能惊。（《齐物论》）

这都是极其形容“不与物迁”，“胜物不伤”的状态。

不为物所动，则亦不为情所动，如此则解除了一切束缚，而得到最大的自由。此境界庄子名之为“悬解”。庄子说：

不为物所动，则亦不为情所动，如此则解除了一切束缚，而得到最大的自由。

适来，夫子时也；适去，夫子顺也。安时而处顺，哀乐不能入也。古者谓是帝之悬解。（《养生主》）

且夫得者时也，失者顺也。安时而处顺，哀乐不能入也，此古之所谓悬解也。而不能自解者，物有结之！（《大宗师》）

死生得失，不以动心，哀乐不入于胸次，即是悬解的境界。庄子又说：

有人之形，无人之情。有人之形，故群于人。无人之情，故是非不得于身。眇乎小哉，所以属于人也；謷乎大哉，独成其天！（《德充符》）

达到悬解之境界，即"有人之形，无人之情"，虽群于人，而实独任自然。如此的人，即所谓真人。庄子说：

如此的人，即所谓真人。

何谓真人？古之真人，不逆寡，不雄成，不谟士。若然者，过而弗悔，当而不自得也。若然者，登高不慄，入水不濡，入火不热。是如之能登假于道也若此。古之真人，其寝不梦，其觉无忧，其食不甘，其息深深。……古之真人，不知说生，不知恶死。其出不訢，其入不距。翛然而往，翛然而来而已矣！不忘其所始，不求其所终。受而喜之，忘而复之。是之谓不以心捐道，不以人助天。是之谓真人。若然者，其心志，其容寂，其颡頯，凄然似秋，暖然似春，喜怒通四时，與物有宜，而莫知其极。（《大宗师》）

所谓真人，即是纯任自然，不作分别，忘生死，无情感的人；也即是达到悬解境界的人。

所谓真人，即是纯任自然，不作分别，忘生死，无情感的人；也即是达到悬解境界的人。

与天地并生，与万物为一，游乎四海之外，而与造物者为人，是由无为齐物而达到的一种神秘的精神状态。这种神秘的精神状态，是庄子所讲的人生最高境界。所谓至人、真人，可以说即是过此种神秘的精神生活的人。庄子的人生论，实以神秘思想为中心。《庄子·杂篇》中之《天下篇》论述庄子之学云：

芴漠无形，变化无常，死与？生与？天地并与？神明往与？芒

> 乎何之?忽乎何适?万物毕罗,莫足以归。……独与天地精神往来,而不敖倪于万物。不谴是非,以与世俗处。……彼其充实,不可以已。上与造物者游,而下与外死生、无终始者为友。其于本也,宏大而辟,深闳而肆;其于宗也,可谓稠适而上遂矣。虽然,其应于化而解于物也,其理不竭,其来不蜕。芒乎昧乎,未之尽者!

此段形容庄子的神秘思想极好。庄子的神秘生活,是忘乎死生,而与天地相并,与神明俱往。此种生活与思想,是极其神秘的,所以说"其理不竭,其来不蜕,芒乎昧乎,未之尽者"。庄子的思想,虽然是超脱世俗,但不是出世的,所谓"不敖倪于万物,不谴是非,以与世俗处",即表明其非出世。

庄子的神秘生活,是忘乎死生,而与天地相并,与神明俱往。

庄子人生论之出发点,是全生保身,而其思想之归宿,则在于神秘的精神生活。庄子以为唯神秘的精神生活,方是最高的全生保身之道。《庄子·外篇》中述庄子之事云:

庄子人生论之出发点,是全生保身,而其思想之归宿,则在于神秘的精神生活。

> 庄子行于山中,见大木枝叶盛茂,伐木者止其旁而不取也。问其故,曰:"无所可用。"庄子曰:"此木以不材得终其天年。"夫子出于山,舍于故人之家,故人喜,命竖子杀雁而烹之。竖子请曰:"其一能鸣,其一不能鸣,请奚杀?"主人曰:"杀不能鸣者。"明日,弟子问于庄子曰:昨日山中之木,以不材得终其天年;今主人之雁,以不材死。先生将何处?庄子笑曰,周将处夫材与不材之间。材与不材之间,似之而非也。故未免乎累。若夫乘道德而浮游,则不然。无誉无訾,一龙一蛇,与时俱化,而无肯专为。一上一下,以和为量。浮游乎万物之祖,物物而不物于物,则胡可得而累邪?(《山木》)

材与不材,以及材与不材之间,皆不能免于累。唯"乘道德而浮游”，然后能“物物而不物于物”，乃实可得免于累。“乘道德而浮游”，即依循宇宙本根之道，与物所得以生之德，亦即是“浮游乎万物之祖”，体会究竟之绝对，任天无为，无所执著，亦即有神秘的精神生活。“物物而不物于物”，即自处于主动地位，而不为物所伤，不为物所动。“物物而不物于物”，是庄子与慎到之根本不同。慎到是物于物，庄子是物物。慎到是“于物无择，与之俱往”，庄子是“命物之化”，“不与物迁”，“万物毕罗，莫足以归”。慎到是同于一物，庄子是超乎任何事物，而与宇宙之全合一。慎到归于机械，庄子则归于神秘。慎到想过一种顽石的生活，庄子则要过一种神秘的精神生活。事实上，庄子的讲，不过是空幻的自我陶醉而已。

事实上，庄子的讲，不过是空幻的自我陶醉而已。

《庄子·外篇》及《杂篇》大概是庄子弟子及其后学所作，其中所讲的人生理想，大体与《内篇》一致。《外篇》及《杂篇》中的理论，整个说来，不如《内篇》之深奥，但亦有讲得较《内篇》更透彻明晰之处。《外篇》及《杂篇》论无为，较《内篇》为详。《外篇》云：

> 无为而尊者，天道也。有为而累者，人道也。（《在宥》）
>
> 至乐活身，唯无为几存。（《至乐》）
>
> 天地有大美而不言，四时有明法而不议，万物有成理而不说。圣人者原天地之美，而达万物之理。是故至人无为，大圣不作，观于天地之谓也。（《知北游》）

无为是天道。有为则累，唯无为能免于累。故无为乃是唯一的至乐活身之道。天地是无为的，人应效法天地，故亦应无为。圣人无为，乃所以合于天。《外篇》中更详论有为与无为云：

> 刻意尚行，离世异俗，高论怨诽，为亢而已矣！此山谷之士，非世之人，枯槁赴渊者之所好也。语仁义忠信，恭俭推让，为修

而已矣！此平世之士，教诲之人，游居学者之所好也。语大功，立大名，礼君臣，正上下，为治而已矣！此朝廷之士，尊主强国之人，致功兼并者之所好也。就薮泽，处闲旷，钓鱼闲处，为无而已矣！（“为无”今本作“无为”，依奚侗校改。）此江海之士，避世之人，闲暇者之所好也。吹呴呼吸，吐故纳新，熊经鸟申，为寿而已矣！此道引之士，养形之人，彭祖寿考者之所好也。若夫不刻意而高，无仁义而修，无功名而治，无江海而闲，不道引而寿，无不忘也，无不有也，澹然无极，而众美从之，此天地之道，圣人之德也。故曰：夫恬淡寂寞，虚无无为，此天地之平，而道德之质也。（《刻意》）

刻意而后高，仁义而后修，有功名而后治，处江海而后闲，必道引而后寿，都只有一偏的成就，而此一偏的成就，又是有所待的。恬淡寂寞，虚无无为，则无所专为，而众美俱备；全而不偏，更无所待。就此段看，庄子一派的道家，是不赞成非世及避世的隐士的。道家原出于隐士，而后来则超隐士而上之。隐士要非世或避世，庄学则以为世不必非，亦不必避。

道家原出于隐士，而后来则超隐士而上之。隐士要非世或避世，庄学则以为世不必非，亦不必避。

唯无不忘，方能无不有，《庄子·外篇》中亦极言忘。《外篇》云：

> 忘乎物，忘乎天，其名为忘己。忘己之人，是谓入于天。（《天地》）
>
> 极物之真，能守其本。故外天地，遗万物，而神未尝有所困也。（《天道》）
>
> 忘足，履之适也；忘要，带之适也；知忘是非，心之适也；不内变，不外从，事会之适也。始乎适，而未尝不适者，忘适之适也。（《达生》）

适而忘其适，然后无不适。

忘万物，忘天地，乃至于自忘其己。如是乃能与天合。适而忘其适，然后无不适。

忘己而入于天，即是“与天为一”（《达生》），《外篇》又云：

> 性修反德，德至同于初。同乃虚，虚乃大。合喙鸣，喙鸣合，与天地为合。其合缗缗，若愚若昏。是谓玄德，同乎大顺。（《天地》）
>
> 夫天下也者，万物之所一也。得其所一而同焉，则四肢百体将为尘垢，而死生终始将为昼夜，而莫之能滑，而况得丧祸福之所介乎？（《田子方》）

所谓“万物一府，死生同状”，舍小己而获大我。

顺性而不失，则返于所得于道之德，返于德则同于宇宙本根之道，如此则与天地为一体了。万物总合为一，同于此一，即与宇宙之全合一，如此则超乎死生。所谓“万物一府，死生同状”，舍小己而获大我。《杂篇》中亦云：

> 圣人达绸缪，周尽一体矣，而不知其然，性矣。复命摇作，而以天为师，人则从而命之也。……与物无终无始，无几无时；日与物化者，一不化者也。……夫圣人未始有天，未始有人；未始有始，未始有物。（《则阳》）

周遍万物，与为一体，不知其然而然，非由于勉强。兼忘天人，无始无物。

《内篇》常言“游乎四海之外”，《外篇》亦云：

> 出入六合，游乎九州，独往独来，是谓独有。独有之人，是之谓至贵。（《在宥》）
>
> 吾游心于物之初。……夫得是，至美至乐也。得至美而游乎至乐，谓之至人。（《田子方》）

不为当前事物所拘，而游心于无穷之大，故说是独往独来。游心于物之初，即游心于未始有物之境界。能做如此之游，则可有至极之快乐。因超乎物外，摆脱一切束缚，所有烦恼俱已消弭净尽，故得到纯粹的快乐了。《杂篇》有云：

心有天游。（《外物》）

此句最为明显。心有天游，即是心作广大辽远之想象。所谓游心于物之初，游乎四海之外，都是心的天游。

所谓游心于物之初，游乎四海之外，都是心的天游。

《内篇》注重“胜物而不伤”，《外篇》及《杂篇》亦有相类的思想。《外篇》云：

循于道之谓备，不以物挫志之谓完。（《天地》）

丧己于物，失性于俗者，谓之倒置之民。（《缮性》）

圣人处物不伤物。不伤物者，物亦不能伤也。（《知北游》）

知大备者，无求无失无弃，不以物易己也。（《徐无鬼》）

圣人固不伤物，亦不伤于物。自居于主动，不受外物的干扰。“丧己于物”，或“以物易己”，即与物迁，随物而不能自主之意。

能不以物挫志，物物而不物于物，则任环境之变化，而完全无所动心。《外篇》云：

能不以物挫志，物物而不物于物，则任环境之变化，而完全无所动心。

喜怒哀乐，不入于胸次。……弃隶者，若弃泥涂。知身贵于隶也。贵在于我，而不失于变。且万化而未始有极也，夫孰足以患心？（《田子方》）

物之变化是自然的，是无穷的，故实不必动心。《外篇》又云：

夫物量无穷，时无止，分无常，终始无故。是故大知观于远近，故小而不寡，大而不多，知量无穷；证曏今故，故遥而不闷，掇而不跂，知时无止；察乎盈虚，故得而不喜，失而不忧，知分之无常也。明乎坦途，故生而不说，死而不祸，知终始之不可故也。（《秋水》）

明乎物之必然之理，则能不作虚妄分别，而得失生死，皆不足以动心了。

《内篇》言至人之不动于物，谓“大泽焚而不能热，河汉冱而不能寒”，所说颇为神奇。《外篇》中对此有所解释。《外篇》云：

子列子问关尹曰：至人潜行不窒，蹈火不热，行乎万物之上而不慄，请问何以至于此？关尹曰：是纯气之守也，非知巧果敢之列。……游乎万物之所终始，壹其性，养其气，合其德，以通乎物之所造。夫若是者，其天守全，其神无郤，物奚自入焉？夫醉者之坠车，虽疾不死，骨节与人同，而犯害与人异，其神全也。乘亦不知也，坠亦不知也。死生惊惧不入乎其胸中，是故遻物而不慴。彼得全于酒，而犹若是，而况得全于天乎？圣人藏于天，故莫之能伤也。（《达生》）

圣人与天为一，物之变化未尝动心，故能完全不被物伤。

此言凡伤于物，皆由于心之惊惧，如心不惊惧，则不能伤。圣人与天为一，物之变化未尝动心，故能完全不被物伤。

《外篇》中又有一解释云：

知道者必达于理，达于理者必明于权，明于权者不以物害己。至德者，火弗能热，水弗能溺，寒暑弗能害，禽兽弗能贼。非谓其薄之也。言察乎安危，宁于祸福，谨于去就，莫之能害也。（《秋水》）

此解释尤为浅显。所谓火弗能热,水弗能溺,并非入于火中而不能烧,入于水中而不能没,乃是谨于去就,善于趋避。虽宁于祸福,不以利害动心,而仍要谨于去就,不迫近祸害,所以能不罹于患。这个解释,可以说是最老实的说明,将难以捉摸的神秘说穿了。

先秦哲学中,以神秘的精神生活为人生最高境界的,在儒家为孟子,在道家为庄子。孟子与庄子同以与天合一,与万物同体的神秘经验为个人生活之最高造诣。但两家学说,亦颇不同。孟子的精神生活,在性质上是刚的,在工夫上是动的,达到此境界之方法是实行仁义。庄子的精神生活,在性质上是柔的,在工夫上是静的,达到此境界之道路是无为,是虚与忘。孟子是扩大其我;庄子是自忘其我,消弭物我之对待。实际上,孟子和庄子所讲的神秘境界,都只是一种空虚的自我安慰和自我陶醉,对于提高人类的社会生活,都是无益的。

先秦哲学中,以神秘的精神生活为人生最高境界的,在儒家为孟子,在道家为庄子。

达到了忘我无物的神秘的精神生活之境界,则所有烦恼一并消失,而得到一种至极无上的快乐。但这种快乐,只是个人的,于人群无所裨益。

杨朱反对为天下,而主为我。老子则既不为天下,亦不为我,讲外身,不生生,而亦讲曲全免咎之术。到庄子则超脱一切,齐死生,等祸福,以与天地万物为一体的精神生活为人生之圆满。但究竟言之,全生保身,实为道家思想之一贯的根核。杨子直接明白地主张全生保身;老子的外身,实乃所以存身之术,不生生实乃所以全生之道;庄子的神秘生活,亦是所以免于累而不伤于物之方。其最后目的,仍皆在于全生保身。杨朱的不为天下的思想,在庄子仍保持之。所谓"孰弊弊焉以天下为事"(《逍遥游》),"圣人不从事于务"(《齐物论》),也即"拔一毛而利天下不为"的意思。

无为的思想,是包含一种矛盾的。

无为的思想,是包含一种矛盾的。人的有思虑,有知识,有情欲,有作为,实都是自然而然。有为本是人类生活之自然趋势。而故意去思虑、去知识、去情欲、去作为,以返于原始的自然,实乃违反人类生活之自然趋势。所以人为是自然,而去人为以返于自然,却正是反自然。欲返于过去之自然状态,正是不自然。

无为实悖乎人类生活之自然趋势,逆乎生活创进之流,过去中国人的生活萎靡不振,固有物质的原因,而亦实是蒙受道家思想之毒害。但道家思想,亦有其好处。道家教人不以得失祸福毁誉穷达扰心,即教人脱除名利的思想;如依此修养,可得到一种精神的解脱。道家教人减低欲望,勿过分地伤毁自然,保养自己的精力,勿胡乱消耗,也都是颇有深意,可以救弊。道家的政治思想,极力反对干涉,反对专制,反对分等级。在君主专制时代,如能实行道家的政治学说,人民确实可以得到一些好处。惜乎道家此方面的理论,并未发生甚大影响。

道家教人不以得失祸福毁誉穷达扰心,即教人脱除名利的思想;如依此修养,可得到一种精神的解脱。

无为的学说包含矛盾,后来的道家即已知之,于是提出一种修正的学说,认为一般人为,都是无为,只有违反自然规律而作可怪或不可能的事情,方是有为。此种思想,见于《淮南王书》。《淮南王书》云:

后来的道家于是提出一种修正的学说,认为一般人为,都是无为,只有违反自然规律而作可怪或不可能的事情,方是有为。

所谓无为者,不先物为也。所谓无不为者,因物之所为也。(《原道训》)

不为物先,随顺物之自然趋势而为,便是无为。《淮南王书》又云:

或曰:无为者,寂然无声,漠然不动,引之不来,推之不往。如此者乃得道之像。吾以为不然。……夫地势水东流,人必事焉,然后水潦得谷行。禾稼春生,人必加功焉,故五谷得遂长。听其自流,待其自生,则鲧禹之功不立,而后稷之智不用。若吾所谓无为者,私志不得入公道,嗜欲不得枉正术,循理而举事,因资而立功。权自然之势,而曲故不得容者。故事成而身弗伐,功立而名弗有。非谓其感而不应,攻而不动者。若夫以火熯井,以淮灌山,此用已而背自然,谓之有为。若夫水之用舟,沙之用鸠,泥之用輴,山之用蔂,夏渎而冬陂,因高为山,因下为池,此非吾所谓为之。(《修务训》)

无为并不是“感而不应,攻而不动”。凡顺自然之趋势,“循理而举事,因资而立功”,都是无为。用私意而违反自然之势,方是有为。《淮南王书》的无为论之主要意思,是主张凡作为应遵循物的规律,依凭物的资质,随顺物之必然的内在的趋向,而加以人功。能如此便是无为。不顾物之客观情势,只凭主观的欲望,而任意作为,乃是有为。《淮南王书》又云:

《淮南王书》的无为论之主要意思,是主张凡作为应遵循物的规律,依凭物的资质,随顺物之必然的内在的趋向,而加以人功。

今夫狂者无忧,圣人亦无忧,圣人无忧,和以德也;狂者无忧,不知祸福也。故通而无为也,与塞而无为也,其无为则同,其所以无为则异。(《要略》)

《淮南王书》是主张“通而无为”的。依这种无为说,普通一般不违乎自然规律的作为,都是无为。此种理论,是将一般的有为认作无为,其实是一种变相的有为论。

魏晋之际,老庄思想甚有势。何晏、王弼都讲自然无为。但他们所说不出老庄之范围,无甚新贡献。稍后于何王的,有阮籍、嵇康,亦无甚新说。然阮籍讲万物一体的神秘生活颇好。阮籍说:

魏晋之际,老庄思想甚有势。

自然者无外,故天地名焉。天地者有内,故万物生焉。当其无外，谁谓异乎？当其有内，谁谓殊乎？……殇子为寿，彭祖为夭，秋毫为大，泰山为小。故以死生为一贯，是非为一条也。别而言之，则须眉异名；合而说之，则体之一毛也。……然后世之好异者，不顾其本，各言我而已矣，何待于彼，残生害性，还为仇敌，断割肢体，不以为痛。……夫至人者，恬于生而静于死，生恬则情不惑，死静则神不离，故能与阴阳化而不易，从天地变而不移。（《达庄论》）

此讲万物与我为一，大意与庄子同，而论证不尽因袭庄子。

此讲万物与我为一，大意与庄子同，而论证不尽因袭庄子。阮籍又说：

夫大人者，乃与造物同体，天地并生，逍遥浮世，与道俱成。变化散聚，不常其形，天地制域于内，而浮明开达于外；天地之永，固非世俗之所及也。……乃飘飖于天地之外，与造化为友，朝餐阳谷，夕饮西海，将变化迁易，与道周始。此之于万物，岂不厚哉？（《大人先生传》）

阮籍亦以神秘的精神生活为人生之最高境界。

阮籍亦以神秘的精神生活为人生之最高境界。

稍晚于阮籍者，有向秀、郭象。他们的庄子注中，颇有新颖透辟的议论。他们虽然是注《庄》，而所说与庄子原意不尽同，乃是发挥自己的意见。《淮南王书》讲无为，以为凡不违乎自然趋势的作为，都是无为；《庄子注》亦有相近的见解。《庄子注》云：

无为者，非拱默之谓也。直各任其自为，则性命安矣。（《在宥》"故君子不得已而临莅天下莫若无为"句注）

夫善御者，将以尽其能也。尽能在于自任，而乃走作驰步，求其过能之用，故有不堪而多死焉。若乃任驽骥之力，适迟疾之分，虽则足迹接于八荒之表，而众马之性全矣。而惑者闻任马之性，乃谓放而不乘；闻无为之风，遂云行不如卧。何其往而不返哉？（《马蹄》“而马之死者已过半矣”句注）

故对上下则君静而臣动，比古今则尧舜无为而汤武有事。然各用其性，而天机玄发，则古今上下无为，谁有为也？（《天道》“上必无为而用天下”句注）

无为并非拱默而不言不动之谓。凡顺性而为，不违乎性，都是无为。君之静是无为，臣之动亦是无为。尧舜禅让是无为，汤武征伐亦是无为。需要如何则如何，便是无为。《淮南王书》较注重物之规律与趋势，凡随顺物之规律与趋势而作为，皆是无为。《庄子注》则较注重个人之本性，凡出于本性的活动，皆是无为。无为便是“任其自为”。

《庄子注》亦讲齐物逍遥，与万物为一体，但大致与《庄子》原书所说者相同，非是创见，故今不具述。唯《庄子》原书讲与物同体，虽已有与变化为一的意思，而未尝明白说出与变化为一。《庄子注》则讲与变化为一。《庄子注》云：

《庄子注》亦讲齐物逍遥，与万物为一体，但大致与《庄子》原书所说者相同，非是创见，故今不具述。

与变为体，故死生若一。（《齐物论》“死生无变于己”句注）

唯大圣无执，故芚然直往，而与变化为一。一变化而常游于独者也。（《齐物论》“参万岁而一成纯”句注。）

知与变化俱，则无往而不冥，此知之一者也。（《德充符》“一知之所知”句注。）

无所藏而都任之，则与物无不冥，与化无不一。故无内无外，无死无生，体天地而合变化，索所遁而不得矣。（《大宗师》“若夫藏天下于天下而不得所遁”句注。）

顺应客观情况的变化而改变，是必要的；而直接“与变化为一”，是不可能的。

“与变为体”，“与变化为一”的说法，较与万物为一，尤为显豁。与变化为一者，即与宇宙变化大流合一，死生得失，皆非所容心。“与变为体”，是向秀、郭象所讲的神秘的精神生活之境界，亦即与天地万物为一体的神秘境界之新形容语。但是，实际上，所谓“与变化为一”只是一句空话。顺应客观情况的变化而改变，是必要的；而直接“与变化为一”，是不可能的。《庄子注》所讲，仅是清谈而已。

第四课 有为

孔子的仁,墨子的兼爱,本都是有为的思想。但未尝特别标出有为以为宗旨。老子提出无为思想,到庄子而得到充分的发展。庄子排斥一切人为,以忘却一切而与天为一的神秘生活为理想境界。庄子这种极端的无为思想,遂引起反动,于是荀子提出彻底的有为哲学。荀子哲学的一贯观念,是以人为改变天然。中国哲学中,大多数的思想家,都尊崇天,以天为人的标准,以合于天为生活的理想。唯独荀子不尊崇天而特重人,不赞成使人合于天,而主张使天合于人。荀子认为人生之道是改造天然。

荀子批评庄子道：

> 庄子蔽于天而不知人。……由天谓之道，尽因矣。（《解蔽》）

庄子只知有天而不知有人，结果只因任自然而废弃一切人事。荀子则以人为其哲学之出发点。荀子说：

> 道者非天之道，非地之道，人之所以道也。（《儒效》）

孔子所讲之道，本专指人道。自老子始以道为宇宙本根。后来的道家，更将道说得玄妙幽远了。荀子认为不应讲宇宙之道，只应讲人生之道。荀子认为人生之最重要的事，是尽人力，而不必理会天然。荀子说：

孔子所讲之道，本专指人道。

> 天行有常，不为尧存，不为桀亡。应之以治则吉，应之以乱则凶，强本而节用，则天不能贫；养备而动时，则天不能病；修道而不贰，则天不能祸。故水旱不能使之饥，寒暑不能使之疾，祆怪不能使之凶。本荒而用侈，则天不能使之富；养略而动罕，则天不能使之全；倍道而妄行，则天不能使之吉，故水旱未至而

饥,寒暑未薄而疾,祆怪未至而凶。受时与治世同,而殃祸与治世异,不可以怨天,其道然也!故明于天人之分,则可谓至人矣。(《天论》)

天行即自然历程。自然历程是有常的,与人世之治乱并无关系。治乱非由于天,实由于人。人唯应尽己之力以求治,不应当向往自然之变好。天行有常,本是道家的思想。道家因天行有常而主张任天无为,荀子则因天行有常而主张尽人力而不思天。荀子又说:

道家因天行有常而主张任天无为,荀子则因天行有常而主张尽人力而不思天。

君子敬其在己者,而不慕其在天者;小人错其在己者,而慕其在天者。君子敬其在己者而不慕其在天者,是以日进也;小人错其在己者而慕其在天者,是以日退也。(同上)

人仅当注意在己者,而不当向往在天者。

孟子以与天地同流为生活之最高境界,庄子以与天地并生为生活之最高境界。

孟子以与天地同流为生活之最高境界,庄子以与天地并生为生活之最高境界。这两种生活理想,都是神秘的和个人的,荀子则提倡一种不神秘非个人的最高理想。荀子认为人类生活之最高境界,是与天地参。与天地参,即是改变自然,宰制自然,以得到天人之调谐。荀子说:

荀子认为人类生活之最高境界,是与天地参。

天有其时,地有其材,人有其治。夫是之谓能参。舍其所以参,而愿其所参,则惑矣!(《天论》)

天地生君子,君子理天地。君子者,天地之参也,万物之总也,民之父母也。无君子则天地不理,礼义无统。(《王制》)

人当以其治与天地相参。人乃理天地的,天地待人而后理。荀子主张宰制天然,他说:

大天而思之，孰与物畜而制之？从天而颂之，孰与制天命而用之？望时而待之，孰与应时而使之？因物而多之，孰与骋能而化之？思物而物之，孰与理物而勿失之也？愿于物之所以生，孰与有物之所以成？故错人而思天，则失万物之情！（《天论》）

此段话是中国哲学书中所仅有的。尊崇天而思慕之，因任天而歌颂之，何如宰制天而利用之？因顺物之自然，何如以人力变革之，管理之？向往物之究竟本根，何如改造物以成就之，使合于人之目的？荀子是注重制天、用天、化物、理物，即宰制自然，利用自然，变革物质，管理物质。庄子所谓天，虽即是自然，而认为天与物不同，所以虽主张"胜物而不伤"（《应帝王》），然又说"物不胜天久矣"（《大宗师》），而主张"不以人助天"。荀子则认为天即是物，而主张应视天为物而宰制之。荀子的理想是：

此段话是中国哲学书中所仅有的。

疏观万物而知其情，参稽治乱而通其度，经纬天地而材官万物，制割大理而宇宙里矣。（《解蔽》）

也即是"天地官而万物役"（《天论》）。天地受人之裁制，而万物皆为人所用。荀子又说：

圣王之用也，上察于天，下错于地，塞备天地之间，加施万物之上。（《王制》）

这是荀子之理想的伟大事业。荀子又说：

这是荀子之理想的伟大事业。

北海则有走马吠犬焉，然而中国得而畜使之；南海则有羽翮齿革曾青丹干焉，然而中国得而财之；东海则有紫紶鱼盐焉，然而中国得而衣食之；西海则有皮革文旄焉，然而中国得而用之。故泽人足乎木，山人足乎鱼；农夫不斩削不陶冶而足械用；

工贾不耕田而足菽粟。故虎豹为猛矣，然君子制而用之，故天之所覆，地之所载，莫不尽其美，致其用。上以饰贤良，下以养百姓而安乐之，夫是之谓大神。（《王制》）

这是荀子所讲的人生之最高理想。

所有之物，莫不“尽其美，致其用”，即是人成为自然之主宰。这是荀子所讲的人生之最高理想。

荀子虽然主张克服自然，但不赞成研究自然。荀子说：

不为而成，不求而得，夫是之谓天职。如是者虽深，其人不加虑焉；虽大，不加能焉；虽精，不加察焉。夫是之谓不与天争职。（《天论》）

唯圣人为不求知天。（同上）

孟子与庄子都是求知天的，荀子则不求知天。孟子、庄子之知天，都是玄想的。然除玄想的知天而外，尚可有实验的知天。荀子对此则完全忽视。荀子又说：

君子之……于天地万物也，不务说其所以然，而致善用其材。（《君道》）

不求知物，唯求用物。

荀子之宰制天然利用万物的思想，正与西洋科学初兴时所追求之理想相类。

荀子之宰制天然利用万物的思想，正与西洋科学初兴时所追求之理想相类。科学之根本企图，即在克服自然，亦即理天地役万物。荀子与西洋科学倡导者之不同，在于：西洋科学倡导者认为了解自然乃克服自然之途径，必须知天然后能胜天；荀子则仅讲制天，而不求知天。英人培根认为“知即力”，知自然乃所以征服自然。荀子既不重知识，以何方法克服自然？荀子以为人能群即能战胜自然，他似乎主张“群即力”。人如何始能群？荀子以为人群最需要的，是“礼”

与“义”;必有礼与义,然后人群结合方能巩固。他更认为礼与义乃人之所以为人者,所谓人道,应发挥人之所以为人者,即应实行礼与义。荀子说:

> 水火有气而无生,草木有生而无知,禽兽有知而无义,人有气有生有知亦且有义,故最为天下贵也。力不若牛,走不若马,而牛马为用,何也?曰:人能群,彼不能群也。人何以能群?曰分。分何以能行?曰义。故义以分则和,和则一,一则多力,多力则强,强则胜物。故宫室可得而居也。故序四时,裁万物,兼利天下,无他故焉,得之分义也。故人生不能无群,群而无分则争,争则乱,乱则离,离则弱,弱则不能胜物,故宫室不可得而居也。不可少顷舍礼义之谓也。……群道当则万物皆得其宜,六畜皆得其长,群生皆得其命。(《王制》)

人之所以贵于他物者,即在于有义。义乃合群之道。人之所以能胜物,乃在于人能群。而群必有分,有分然后能不争而和,和则群体巩固而一,一则多力足以胜物。而所以能行分,在于有义。荀子又说:

人之所以贵于他物者,即在于有义。人之所以能胜物,乃在于人能群。

> 人之所以为人者,何已也?曰以其有辨也。饥而欲食,寒而欲暖,劳而欲息,好利而恶害,是人之所生而有也,是无待而然者也,是禹桀之所同也。然则人之所以为人者,非特以二足而无毛也,以其有辨也。今夫狌狌,形状亦二足而无毛也,然而君子啜其羹,食其胾。故人之所以为人者,非特以其二足而无毛也,以其有辨也,夫禽兽有父子而无父子之亲,有牝牡而无男女之别,故人道莫不有辨,辨莫大于分,分莫大于礼。(《非相》)

义是人之所以为人者,礼亦是人之所以为人者。荀子最注重礼

与义,他又说:

> 在天者莫明于日月,在地者莫明于水火,在物者莫明于珠玉,在人者莫明于礼义。(《天论》)

礼义是人道之主要内容。

荀子虽然认礼义为人之所以为人者,但不以礼义为人之性。

荀子虽然认礼义为人之所以为人者,但不以礼义为人之性。反之,荀子认为礼义是人性之改变。他说:

> 凡礼义者,是生于圣人之伪,非故生于人之性也。……圣人积思虑,习伪故,以生礼义,而起法度。(《性恶》)
>
> 圣人化性而起伪,伪起而生礼义。(同上)

伪即人为。礼义不是自然的,而是人的创造,乃化性之结果。荀子讲克服自然,而自然有二:一是外的,一是内的。外的自然即是天,内的自然便是性。荀子主张制天,更主张化性。荀子说:

> 古者圣王以人之性恶,以为偏险而不正,悖乱而不治,是以为之起礼义制法度,以矫饰人之情性而正之,以扰化人之情性而导之也。始皆出于治合于道者也。(《性恶》)

荀子一方面企图改变天然,一方面更注重化易人性。

荀子一方面企图改变天然,一方面更注重化易人性。礼义是人性之改变,而亦非取消人性,乃是就人之性而加以调整。人是相互矛盾的,顺人之性,则人与人互相矛盾冲突,而争夺扰乱并起。礼义之作用,在于节制人之性,使归于谐和。荀子说:

> 礼起于何也?曰:人生而有欲,欲而不得则不能无求,求而无度量分界则不能不争,争则乱,乱则穷。先王恶其乱也,故制礼义以分之,以养人之欲,给人之求。使欲必不穷乎物,物必不

屈于欲，两者相持而长，是礼之所起也。故礼者养也。（《礼论》）

人生而有欲，此是人性。顺此性而无节制，则必至于争乱。如争乱，则人人之欲皆不能满足。礼义即是为人之欲立度量分界，乃能消弭矛盾冲突，而获得谐和；然后人人之欲皆可得到相当满足。故礼乃是养人之欲的。荀子说：

礼义即是为人之欲立度量分界，乃能消弭矛盾冲突，而获得谐和；然后人人之欲皆可得到相当满足。

人莫贵乎生，莫乐乎安。所以养生乐安者，莫大乎礼义。（《强国》）

礼义乃所以消弭人群中之矛盾，以归于谐和。唯由礼义，然后生得以养，然后安乐无患。荀子又说：

夫义者，内节于人而外节于万物者也。（俞樾云：节犹适也。）上安于主而下调于民者也。内外上下节者，义之情也。（同上）

义乃是使人与物，君与民，皆得其宜的。义不唯适于人，且适于万物。无义，则人群变乱，而万物亦莫得其理了。

仁、义、礼，皆儒家所注重。在三者中，孔子最注重仁，孟子最注重仁与义，荀子则最注重义与礼。而在义与礼二者之中，荀子尤最注重礼。荀子说：

礼者，人道之极也。（《礼论》）

礼是人道之极致。荀子所谓礼，范围甚广，凡生活行为的规律条理，都是礼。荀子又说：

荀子所谓礼，范围甚广，凡生活行为的规律条理，都是礼。

圣也者，尽伦者也；王也者，尽制者也。两尽者，足以为天下极矣！（《解蔽》）

荀子注重礼,其真实的意思,是注重人群之组织与秩序。

伦与制都是礼,道德规准,社会制度,皆是礼。荀子注重礼,其真实的意思,是注重人群之组织与秩序。他以为人群之组织与秩序,是至极重要的;其余都是次要的。孟子以为圣人是人伦之至,荀子以为圣人是尽伦者,意思相同。人能尽伦,则一切行为不必勉强而自合于礼义;至此境界,便能无为。荀子说:

> 仁者之行道也,无为也,圣人之行道也,无强也。仁者之思也恭,圣人之思也乐。(《解蔽》)

无为乃是有为之极致。有为之极,乃至于若无为;勉强之极乃至于不必勉强。人应极力有为,以至于精熟,则自然达到无为的境界;而不当废弃人为,以求无为。为礼义以至于无为,则性与伪合了。荀子说:

> 天地合而万物生,阴阳接而变化起,性伪合而天下治。天能生物,不能辨物也;地能载人,不能治人也;宇中万物生人之属,待圣人然后分也。(《礼论》)

性伪合,即是人性完全改变,人的行为莫不合于礼义。此是修养教练之最高境界。性伪既合,人群之秩序组织健全巩固,群力增大,便可以宰制天然,役用万物了。性伪合而参天地,是荀子的人生理想。

荀子是最注重创造的,荀子的人生论,可以说是有为的人生论,也可以说是创造的人生论。

荀子是最注重创造的,荀子的人生论,可以说是有为的人生论,也可以说是创造的人生论。孟子讲扩充本性,荀子则讲化性积伪,孟子主发展本来所有,荀子则主改变本来所有,而创造本来所无。荀子所谓伪,可以说即是人的创造之意。

孟子、庄子以与天地万物合一的神秘经验为人生最高境界,荀子则以克服自然与天地参为人生最高理想。孟子、庄子是合人于天，荀子则是合天于人。孟子、庄子的理想，是个人的、神秘的、精神的；荀子的理想，则是人群的、战斗的、物质的。荀子这种生活理想，实甚伟大而切实。惜乎荀子所讲达到此种理想境界之方法，不甚完备。荀子的方法，主要是巩固人群之组织，这是重要的，但仅此尚不足。荀子讲制天，而又讲不与天争职，不求知天。其实制天，必须与天争职，必须先知天。荀子不重知识，而专重道德训练，所谓“无用之辩，不急之察，弃而不治；若夫君臣之义，父子之亲，夫妇之别，则日切磋而不舍也”（《天论》）。其实研究自然，讨论物理，并不是无用之辩，不急之察。仅注意社会秩序，实尚不足以达到宰制天然之鹄的。

孟子、庄子的理想，是个人的、神秘的、精神的；荀子的理想，则是人群的、战斗的、物质的。

荀子讲克服自然，又甚注重客观。（“解蔽”即求客观，所谓“虚一而静”亦是讲客观态度之修养。）亦言证验，（《性恶篇》云：“凡论者贵其有辨合有符验。”）所以荀子哲学本可作为科学的引导。惜乎又讲不求知天，以至将克服自然的思想与注重客观的思想二者之可能的联系割断了。

荀子的人生理想论，在先秦哲学中，实为最进步的。惜继起无人，未得到充分的发挥。

荀子的人生理想论，在先秦哲学中，实为最进步的。

儒家自孔子以后，最有势力的派别，除孟、荀两家外，可以说是《周易》学派。《史记》云：“商瞿，鲁人，字子木。……孔子传《易》于瞿，瞿传楚人馯臂子弘，弘传江东人矫子庸疵，疵传燕人周子家竖，竖传淳子人光子乘羽，羽传齐人田子庄何。”（《仲尼弟子列传》。《汉书·儒林传》所载，与此小异。）这大概是《易》经师相传的师承系谱，虽难看作信史，常亦非全出虚构。今存的《易传》十篇，即所谓《十翼》，大概即是此等人的作品。《十翼》中，《彖传》上下、《象传》上下、《系辞传》上下，以及《文言传》当是战国时代的作品。《说卦传》、《序卦传》、《杂卦传》时代较晚,大概是汉初人所作的了。《易传》中所表现的人生思想,也是有为的,但不如荀子之激烈。《十翼》年代不同,今分别论述之。①

《易传》中所表现的人生思想,也是有为的,但不如荀子之激烈。

《象传》中的人生思想,以"刚健"、"中正"、"时"、"革"为中心观念。

《彖传》中的人生思想,以"刚健"、"中正"、"时"、"革"为中心观念。孔子即颇注重刚,到老子乃注重柔,《易传》虽颇受老子的影响,而在人生论,则反对老子的柔,而以刚健为根本义。《彖传》云:

> 刚健而不陷,其义不困穷矣。(《需卦》)
>
> 其德刚健而文明,应乎天而时行。(《大有》)
>
> 刚健笃实辉光,日新其德,刚上而尚贤,能止健,大正也。(《大畜》)

刚健是柔弱之反。刚健而无所失,则必不困穷。刚健而笃实,则充足而有辉光。刚健在性质上是动的,是前进的,是有为的。

《彖传》中言中正者甚多,如云:

> 尚中正也。(《讼卦》)
>
> 文明以健,中正而应,君子正也。(《同人》)

此外言中正之处尚多(《观》、《离》、《益》、《姤》、《巽》、《节》等卦之《彖》)。又有所谓"正中"(《需卦》),"大中"(《大有》),皆与中正义近。《彖传》中更屡言"得中"(《讼》、《同人》、《噬嗑》、《睽》、《蹇》、《解》、《鼎》、《渐》、《旅》、《节》、《中孚》、《小过》、《既济》、《未济》)。要之,《彖传》甚注重"中"。

合刚健与中正,则为"刚中"。刚中即刚而得中之义。《彖传》极注重刚中,如云:

以刚中也。(《蒙卦》)

刚中而应,行险而顺。(《师卦》)

刚中而志行,乃亨。(《小畜》)

刚中而应,大亨以正,天之道也。(《临卦》)

此外言刚中者甚多(《比》、《履》、《无妄》、《习坎》、《萃》、《升》、《困》、《井》等卦之《彖》)。

老子重柔,《易传》则重刚。但《彖传》亦甚注重谦,则与老子相近。但谦与柔实亦不同,谦可以说是刚而济之以柔。《彖传》云:

老子重柔,《易传》则重刚。

天道下济而光明,地道卑而上行。天道亏盈而益谦,地道变盈而流谦,鬼神害盈而福谦,人道恶盈而好谦,谦尊而光,卑而不可逾,君子之终也。(《谦卦》)

谦则致福,盈必得祸。下济然后光明,卑乃能上行。

谦则致福,盈必得祸。

《彖传》甚注重"时",如云:

应乎天而时行,是以元亨。(《大有》)

损益盈虚,与时偕行。(《损卦》)

凡益之道,与时偕行。(《益卦》)

时止则止,时行则行。动静不失其时,其道光明。(《艮卦》)

《彖传》又谓"君子尚消息盈虚"(《剥卦》),亦即"时"之义。

合时与中正,则为"时中"。《彖传》云:

蒙亨,以亨,行时中也。(《蒙卦》)

时中也是《彖传》中一个重要观念。

时中也是《彖传》中一个重要观念。

《彖传》极注重时,所以也很注重"革"。《彖传》云:

革而信之,文明以说。大亨以正。革而当,其悔乃亡。天地革而四时成。汤武革命,顺乎天而应乎人。革之时大矣哉!(《革卦》)

此极言变革之重要。革而有实,则大亨以正。革而得当,悔咎乃亡,自然必有变革,人事亦必有变革。革命乃顺天而应人的。

《彖传》又言"通天下之志",云:

唯君子为能通天下之志。(《同人》)

不囿于自己之志,而能会通天下人之志;不独以自己之志为志,且以天下人之志为志。如此则群己合一,无人我之隔阂了。通天下之志,与仁之义近。

《彖传》又颇注重观察以致知,如云:

观乎天文以察时变,观乎人文以化成天下。(《贲卦》)

此种注重观察致知的思想,到《系辞传》乃有更进一步的发展。

《易彖传》中所表现的人生思想之根本观念,是刚健与中正。

要之,《易彖传》中所表现的人生思想之根本观念,是刚健与中正。

《象传》中所表示的人生思想,与《彖传》大体相近。每一卦的《象传》之第一句,都是就一卦之象,引申出一条人事的原则。这些原则,一部分是关于生活及道德的,一部分是关于政治制度的。其关于生活及道德的,最重要的是:

天行健,君子以自强不息。(《乾坤》)
地势坤,君子以厚德载物。(《坤卦》)
云雷屯,君子以经纶。(《屯卦》)
山下出泉蒙,君子以果行育德。(《蒙卦》)

天地交泰,后以财成天地之道,辅相天地之宜,以左右民。(《泰卦》)

火在天上大有,君子以遏恶扬善,顺天休命。(《大有》)

天在山中大畜,君子以多识前言往行,以畜其德。(《大畜》)

泽灭木大过,君子以独立不惧,遁世无闷。(《大过》)

水洊至习坎,君子以常德行习教事。(《习坎》)

山上有泽咸,君子以虚受人。(《咸卦》)

雷风恒,君子以立不易方。(《恒卦》)

雷在天上大壮,君子以非礼弗履。(《大壮》)

明出地上晋,君子以自昭明德。(《晋卦》)

风自火出家人,君子以言有物而行有恒。(《家人》)

山上有水蹇,君子以反身修德。(《蹇卦》)

地中生木升,君子以顺德,积小以高大。(《升卦》)

洊雷震,君子以恐惧修省。(《震卦》)

泽上有水节,君子以制数度,议德行。(《节卦》)

这些原则,大都是教人如何做道德的修养。首二条“自强不息”与“厚德载物”,实是《象传》中的人生思想之中心观念。自强不息亦即《彖传》所说刚健的意思。

“自强不息”与“厚德载物”,实是《象传》中的人生思想之中心观念。

“财成天地之道,辅相天地之宜”,与荀子所谓“与天地参”,意思颇相近,但亦有不同。荀子是主张宰制天然;《象传》此语,则是主张与天地相调协。所以又讲“顺天休命”。可以说,中国哲学中,对于天的态度有三种。一、原始之顺天及道家之任天的思想,此可谓正。二、荀子之制天的思想,此可谓反。三、《易传》之与天地调协的思想,可谓是合。此种与天地调协的思想在《系辞传》及《文言传》更有充分的发挥。

《象传》亦极注重“中正”，言“中正”之处甚多（《需》、《讼》、《豫》、《晋》、《姤》、《井》、《艮》、各卦之《象》）。又言“正中”（《比》、《随》、《巽》）。《象传》更屡言“中行”（《师》、《泰》、《复》、《夬》），“中道”（《蛊》、《离》、《解》、《夬》、《既济》）。而言“中”之处尤多（《同人》、《临》、《复》、《大畜》、《习坎》、《恒》、《大壮》、《损》、《困》、《巽》、《节》、《未济》）。“中”实在是《易·象传》的重要观念。

《易传》中哲学理论最丰富的，是《系辞传》。

《易传》中哲学理论最丰富的，是《系辞传》。《系辞传》可以说是《易传》之中心部分，《系辞传》的人生论之中心观念，是与天地相调协。在与天地相调协的主旨下，《系辞传》注重四事，一致知，二利用，三崇德，四变通。《系辞上传》云：

> 《易》与天地准，故能弥纶天地之道。……与天地相似故不违，知周乎万物而道济天下，故不过。旁行而不流，乐天知命故不忧。安土敦乎仁，故能爱。范围天地之化而不过，曲成万物而不遗，通乎昼夜之道而知。

此谓最高理想在于与天地相合；而达到与天地相合的境界之道路，在于知识之提高扩大。

此谓最高理想在于与天地相合；而达到与天地相合的境界之道路，在于知识之提高扩大。“弥”有周遍会综之意，“纶”有条析而比类联合之意。“弥纶天地之道”即对于天地之道加以会综条析，而无所不贯。“范围天地之化”，即对于天地之化加以裁制。能通贯天地之道，于万物无所不知，如是乃能使天地之化受人之范围，而曲成万物。一方面裁制天，而一方面又乐天。总之是与天地相调协。《系辞下传》云：

> 精义入神，以致用也。利用安身，以崇德也。过此以往，未之

或知也。穷神知化,德之盛也。

精研宇宙之理,以至能知变化之妙用,乃所以致用。利用众物,使身得安,乃所以崇德。而崇德之极,则能于神化无所不知了。致知之鹄的在利用,利用之鹄的在崇德,而崇德乃可以致知。《系辞传》如此将知、用、德三方面圆满地联为一环。

《系辞传》很注重知识。《系辞上传》说:

《系辞传》很注重知识。

仰以观于天文,俯以察于地理,是以知幽明之故;原始反终,故知死生之说。

夫《易》,圣人之所以极深而研几也。唯深也,故能通天下之志;唯几也,故能成天下之务。

《系辞传》实甚注重观察以求知。明是显而可见的,幽是隐而不见的。可见与不可见,需究明其故。"极深研几"与"穷神知化"意思相近。无论如何幽深,如何细微,皆穷研而知之。如此然后能通天下之志,成天下之务。

《系辞传》更甚注重利用。《系辞上传》云:

《系辞传》更甚注重利用。

见乃谓之象;形乃谓之器;制而用之谓之法;利用出入,民咸用之谓之神。

备物致用,立成器以为天下利,莫大乎圣人。

制物而应用之,使人民皆得其利,此可称为至妙。圣人之大贡献,即在于备物致用,制器以为天下利。

《系辞上传》又云:

夫《易》,圣人所以崇德而广业也。知崇礼卑。崇效天,卑法地。

利用乃所以崇德,德乃是最重要的。知识无论如何崇高,而仍应卑谦守礼,如此方为有德。《系辞传》亦甚注重谦,《系辞上传》云:

> 劳而不伐,有功而不德,厚之至也,语以其功下人者也。德言盛,礼言恭。谦也者,致恭以存其位者也。

德欲其盛,礼欲其恭,谦乃所以安身之道。

《系辞传》的宇宙论,乃认为宇宙是一变易大流,一切皆在变易之中;所以《系辞传》的人生论,也注重变。

《系辞传》的宇宙论,乃认为宇宙是一变易大流,一切皆在变易之中;所以《系辞传》的人生论,也注重变。《系辞上传》云:

> 日新之谓盛德。
>
> 变而通之以尽利。
>
> 化而裁之谓之变,推而行之谓之通,举而措之天下之民谓之事业。

《系辞下传》说:

> 功业见乎变。
>
> 通其变,使民不倦。神而化之,使民宜之。易穷则变,变则通,通则久。

《系辞传》善言反复两一,其注重变通,也即是反复观念在生活上之应用。

生活贵乎日新,事业必有变通。以人事言,所谓变是因自然之化而裁制之,即就自然之化而予以引导,加以宰御。变而通之,然后能尽利,然后见功业。常有变通,则民不倦,而得其适。如此则能久。

《系辞传》善言反复两一,其注重变通,也即是反复观念在生活上之应用。《系辞下传》又云:

> 危者安其位者也,亡者保其存者也,乱者有其治者也。是故

君子安而不忘危，存而不忘亡，治而不忘乱，是以身安而国家可保也。

这也是将反复的原则应用于生活。凡事在一个方面上继续既久，则必转为其反面。唯知其反面而预防之，然后无失。

《系辞上传》又言善与性之关系云：

一阴一阳之谓道，继之者善也，成之者性也。
成性存存，道义之门。

阴阳迭运，是自然之道。凡随承此道者，即是当然之善。宇宙的自然之道，是根本的；人事的当然之善，乃从自然之道衍出，而以自然之道为根据的。《大戴记》有云："分于道谓之命，形于一谓之性。"此所谓"成"，即"形于一"之意。道之具体化，便是人之性。性与善有必然关联。人道及行为之义理，乃是从性发出的。

《易·系辞传》中所表示的人生思想之最大特色，在于将知识、利用、德行三者，联结而成一体。荀子极注重利用，而不辨知识与利用之关系，虽讲宰制天然役用万物，而又言不求知天。《易·系辞传》乃能正确理解知识与利用之关系，注重制器以利用，又注重精义以知化，而更以崇德为基本。兼容并顾，无所偏蔽。在此点上，《易·系辞传》的思想，实可以说颇为圆满。但《易传》所讲穷神知化，仍未免偏于玄想。

《易·系辞传》中所表示的人生思想之最大特色，在于将知识、利用、德行三者，联结而成一体。

《文言传》的人生思想，与《系辞传》亦颇相近。《彖传》最注重刚健中正，《文言传》亦云：

《文言传》的人生思想，与《系辞传》亦颇相近。

大哉乾乎！刚健中正，纯粹精也。

刚健中正，即是乾之德，而亦即理想人格之德。《文言传》所讲

理想人格,即所谓大人。《文言传》云:

> 夫大人者,与天地合其德,与日月合其明,与四时合其序,与鬼神合其吉凶。先天而天弗违,后天而奉天时。天且弗违,而况于人乎?而况于鬼神乎?

此乃《易传》中与天地调协的思想之最明白的表述。“先天”即为天之前导,“后天”即从天而动。先天即宰制自然,助天而开导之;后天即因顺自然,应天而随从之。大人与天地合德,为天之前导,而天亦从之;从天而动,则遵循天时。这便是与天地相调协。荀子的理想,可以说即是先天而天不违;庄子的理想,可以说即是后天而奉天时。《易·文言传》则兼综此两种理想,而讲天人之和谐。

《文言传》又极注重道德的修养。

《文言传》又极注重道德的修养。《文言传》云:

> 庸言之信,庸行之谨,闲邪存其诚,善世而不伐,德博而化。
>
> 君子进德修业。忠信所以进德也,修辞立其诚,所以居业也。
>
> 君子敬以直内,义以方外。敬义立而德不孤。

庸言庸行,皆须注意。庸言必信,庸行必谨。忠信乃进德之本。而最主要的道德,是敬与义。敬所以修内,义所以修外,使其心敬而不肆,使其行为皆合于义。内外兼修,然后德成。

《彖传》注重时,《文言传》亦然。

《彖传》注重时,《文言传》亦然。《文言传》云:

> 君子进德修业,欲及时也。
>
> 终日乾乾,与时偕行。
>
> 亢龙有悔,与时偕极。
>
> 故乾乾因其时而惕,虽危无咎矣。

生活行动需及时，与时相偕，而不失时。

《文言传》又将反复原则应用于人生云：

> 亢之为言也，知进而不知退，知存而不知亡，知得而不知丧。其唯圣人乎！知进退存亡而不失其正者，其唯圣人乎！

知一而不知其反，则必至于有悔。唯圣人能应用反复原则于人生，而不失其正。

《说卦传》云：

> 和顺于道德而理于义，穷理尽性以至于命。
>
> 昔者圣人之作《易》也，将以顺性命之理。是以立天之道曰阴与阳，立地之道曰柔与刚，立人之道曰仁与义。

人群唯有道德然后能和顺，唯有义然后能理而不乱。人生之道在穷自然之理，尽固有之性，以至于天之所命。和顺于道德之道德，或即指仁。仁与义乃人道之纲领。此以仁义为人道之二要素，大概系受孟子之影响。

《序卦传》及《杂卦传》中，无甚重要的人生思想了。

综合言之，《易传》中所包含的人生思想之最主要点可以说有四：一刚健中正，二因时变革，三与天地相调协，四知德用之会综。刚健与中正，以《彖传》言之最审。因时变革，以《彖传》及《系辞传》言之最备。与天地相调协，在《彖传》中已发其端，而《系辞传》及《文言传》言之最为详审。知德用之会综，则是《系辞传》之特色思想。总之，刚健是《易传》人生思想之第一义。所以《易传》的人生论，也是一种有为哲学。

《易》本卜筮之书，《易传》主要是就《易》的《卦辞》、《爻辞》

生活行动需及时，与时相偕，而不失时。

仁与义乃人道之纲领。

《易传》中所包含的人生思想之最主要点可以说有四：一刚健中正，二因时变革，三与天地相调协，四知德用之会综。

《易传》中,有许多话有哲学的意义;而大部分的话,则并无哲学的意义。

加以引申推论,大部分是解释卦象。《易传》中,有许多话有哲学的意义;而大部分的话,则并无哲学的意义。现在讲《易传》中的哲学思想,主要是就《易传》中选出其有哲学意义的话,加以疏通整理。至于其中无哲学意义的话,则一概置之不论了。

后来儒者之中,尊崇荀子过于孟子者,为后汉之徐干。

后来儒者之中,尊崇荀子过于孟子者,为后汉之徐干。[②]徐干之人生之论,虽不讲制天宰物,然颇崇尚有为。徐氏之人生论之要义有二:一重艺,二贵智。重艺之说,大概系由荀子之隆礼崇乐之学说而来。贵智之说,在中国哲学中,颇为罕见。

徐氏以为艺乃所以成德,而德与艺非相互独立的。所谓艺,即礼、乐、射、御、书、数六艺。徐氏云:

> 艺之兴也,其由民心之有智乎?造艺者,将以有理乎?民生而心知物,知物而欲作,欲作而事繁,事繁而莫之能理也;故圣人因智以造艺,因艺以立事,二者近在乎身,而还在乎物。艺者所以旌智饰能,统事御群也,圣人之所不能已也。艺者,所以成德者也。德者,以道率身者也。艺者,德之枝叶也;德者,人之根干也。斯二物者,不偏行,不独立。木无枝叶则不能丰其根干,故谓之瘣。人无艺则不能成其德,故谓之野。若欲为夫君子,必兼之乎?先王之欲人之为君子也,故立保氏掌教六艺:一曰五礼,二曰六乐,三曰五射,四曰五御,五曰六书,六曰九数。……故君子非仁不立,非义不行,非艺不治,非容不庄。四者无愆,而圣贤之器就矣。……君子者,表里称而本末度者也。故言貌称乎心志,艺能度乎德行,美在其中,而畅于四支。纯粹内实,光辉外著。……故恭恪廉让,艺之情也;中和平直,艺之实也;齐敏不匮,艺之华也,威义孔时,艺之饰也。通乎群艺之情实者,可以论道;识乎群艺之华饰者,可与讲事。事者有司之职也,道者君子之业也。……

艺者，心之使也，仁之声也，义之象也。故礼以考敬，乐以敦爱，射以平志，御以和心，书以缀事，数以理烦。敬考则民不谩，爱敦则群生悦，志平则怨尤亡，心和则离德睦，事缀则法戒明，烦理则物不悖。六者虽殊，其致一也。（《中论·艺纪》）

艺与德犹枝干表里，完全人格必须兼之。徐氏此说，可谓德艺合一论。艺又有情实与华饰之别，而其情实较华饰为重要。徐氏又尝云："先王立教官，掌教国子，教以六德，曰智仁圣义中和，教以六行，曰孝友睦姻任恤；教以六艺，曰礼乐射御书数。三教备而人道毕矣。"（《治学》）以《周官》"三物"为人道之大全。后来清初颜习斋特重三物，与徐氏之说有相类处。

艺与德犹枝干表里，完全人格必须兼之。

徐氏又谓智贵于行，他说：

或问曰：士或明哲穷理，或志行纯笃，二者不可兼，圣人将何取？对曰：其明哲乎！夫明哲之为用也，乃能殷民阜利，使万物无不尽其极者也。圣人之可及，非徒空行也，智也。伏羲作八卦，文王增其辞，斯皆穷神知化，岂徒特行善而已乎？……聪明唯圣人能尽之，大才通人有而不能尽也。……夫君子仁以博爱，义以除恶，信以立情，礼以自节，聪以自察，明以观色，谋以行权，智以辨物，岂可无一哉？谓夫多少之间耳。……夫明哲之士者，威而不慑，困而能通，决嫌定疑，辨物居方，禳祸于忽杪，求福于未萌，见变事则达其机，得经事则循其常。巧言不能推，令色不能移，动作可观，则出辞为师表。比诸志行之士，不亦谬乎？（《中论·智行》）

徐氏之意，并非贵智而贱行；乃谓智、行二者，比较言之，智为尤贵。徐氏所谓智，乃指明哲穷理，非谓辞章记诵之浅智，乃谓精研义理而达变见几之深智。

徐氏讲德、艺合一而贵智，可谓兼重智、德、艺三方面。儒家所讲之德，既已是人为的；而智、艺二者，尤是人为。徐氏之人生理想论，实为一种有为论。②

荀子之有为哲学，乃道家无为思想之反动。

荀子之有为哲学，乃道家无为思想之反动。至魏晋之时，无为思想复炽，为其反响的，是裴頠之崇有学说。裴氏之人生论，还不如荀子所讲之宏大而卓拔，然实亦有所见。裴氏云：

> 夫品而为族，则所禀者偏。偏无自足，故凭乎外。……有之所须，所谓资也；资有攸合，所谓宜也；择乎厥宜，所谓情也。识智既授，虽出处异业，默语殊途，所以宝生存宜，其情一也。……是以贤人君子，知欲不可绝，而交物有会，观乎往复，稽中定务。惟夫用天之道，分地之利；躬其力任，劳而后飧；居以仁顺，守以恭俭；率以忠信，行以敬让；志无盈求，事无过用。乃可济乎！……若乃淫抗陵肆，则危害萌矣。……可谓以厚生而失生者也。悠悠之徒，骇乎若兹之衅，而寻艰争所缘；察夫偏质有弊，而睹简损之善。遂阐贵无之议，而建贱有之论。贱有则必外形，外形则必遗制，遗制则必忽防，忽防则必忘礼。礼制弗存，则无以为政矣！……夫盈欲可损，而未可绝有也；过用可节，而未可谓无贵也。……谓虚无之理诚不可盖，唱而有和，多往弗反。遂薄综世之务，贱功烈之用；高浮游之业，卑经实之贤。……人之既生，以保生为全；全之所阶，以顺感为务。……故养既化之有，非无用之所能全也；理既有之众，非无之所能循也。心非事也，而制事必由于心；然不可以制事以非事，谓心为无也。匠非器也，而制器必须于匠；然不可以制器以非器，谓匠非有也。是故欲收重泉之鳞，非偃息

之所能获也；陨高墉之禽，非静拱之所能捷也；审能弦饵之用，非无知之所能览也。（《崇有论》）

裴氏所说之要义，可析为六点。一、人既有生，则必“宝生”，而应以“保生”为务。二、凡个体皆资待外界他物而存在，而必“择乎厥宜”。所谓“宜”，即个体与其环境之适应关系。三、人之欲实不可绝，而物不可不交。四、但如求满足过度之欲，则将戕害其生，即过于厚生则失生。五、然如鉴于厚生反而失生，遂唯以简损为善，崇尚无为、无知、无用，则将无以为养，亦将无以为治。六、人生之道，在于“用天之道，分地之利”，而以人伦道德如仁与忠信等，以及礼制，维系人与人之关系。“综世之务”与“功烈之用”，皆属必需的。裴氏从生活之本质立论，颇为精彻。其所谓择宜、存宜，颇近于进化论中所谓适应之义，此实为裴氏哲学中最精卓之一点。

裴氏所说之要义，可析为六点。

注释：

① 今按《易大传》各篇，除《说卦》、《序卦》、《杂卦》外，年代实早于荀子。我现在认为，荀子的有为思想是《易大传》学说的进一步发展。

② 徐氏尝赞美荀子云：“昔荀卿生乎战国之际，而有睿哲之才，祖述尧舜，宪章文武，宗师仲尼，明拨乱之道；然而列国之君以为迂阔不达时变，终莫之肯用也。”（《中论·审大臣》）

第五课

诚及与天为一

战国末年，儒家学者在思想上的主要工作之一，是综合孟荀。这时期思想的最高成就，是《中庸》。《中庸》大体是综合孟荀两家思想，而成立一个丰富博大的人生哲学系统。《史记》曾说子思作《中庸》，或有所据；但今传《中庸》，就内容看，当是战国末年的作品。今传《中庸》或者是就子思之《中庸》加以扩充改造而成的。但今本《中庸》中，何为子思原作，何为战国末年人增益，在今日实不易分别。然其中即有子思原作，必亦为此增益者所承认，故将全书皆看作此增益者之思想，亦无不可。子思的《中庸》之中心观念，大概即是“中庸”。而在今传《中庸》中，“中庸”的观念却不是最重要的观念；而最重要的中心观念，乃是“诚”。今传《中庸》以诚为人生之最高境界，人道之第一原则。①

孟子与荀子皆曾讲"诚"。孟子说：

> 诚者天之道也，思诚者人之道也。至诚而不动者，未之有也；不诚未有能动者也。(《离娄》)

孟子与荀子皆曾讲"诚"。

孟子所谓诚，大概即是真实不欺之意。天是真实不欺的，人则思求真实不欺。至诚则能感动，不诚便不能感动了。

孟子所谓诚，大概即是真实不欺之意。

荀子说：

> 君子养心莫善于诚，致诚则无他事矣。唯仁之为守，唯义之为行。诚心守仁则形，形则神，神则能化矣；诚心行义则理，理则明，明则能变矣。变化代兴，谓之天德。天不言而人推高焉，地不言而人推厚焉，四时不言而百姓期焉，夫此有常以至其诚者也。君子至德，嘿然而喻，未施而亲，不怒而威，夫此顺命以慎其独者也。善之为道者，不诚则不独，不独则不形。……天地为大矣，不诚则不能化万物；圣人为知矣，不诚则不能化万民；父子为亲矣，不诚则疏；君上为尊矣，不诚则卑。夫诚者，君子之所守也，而政事之本也。(《不苟》)

天地之能化万物，以诚；圣人之能化万民，亦以诚。

此以诚为德行之基础，致诚则众德自备。唯诚然后能使人化，使人变。天地之能化万物，以诚；圣人之能化万民，亦以诚。荀子谓天地四时有常而极其诚，亦即孟子所谓“诚者天之道也”之意；荀子谓“君子顺命以慎其独”，“诚者君子之所守”，亦即孟子所谓“思诚者人之道也”之意。孟子与荀子的思想相反之点甚多，而言诚则大同小异。

《中庸》在讲诚以前，先讲所谓道。《中庸》所谓道，指人道。《中庸》云：

> 天命之谓性，率性之谓道，修道之谓教。道也者。不可须臾离也，可离非道也。是故君子戒慎乎其所不睹，恐惧乎其所不闻。莫见乎隐，莫显乎微，故君子慎其独也。

道乃由性而出，而性乃天之所命。此点与孟子所讲性天道的关系相同。道是不可片刻离开的，君子于他人不睹不闻之时，更需戒慎恐惧，以求不离于道。此不可须臾离之道，非是远离日常生活的。《中庸》云：

> 子曰：道不远人，人之为道而远人，不可以为道。

人不可离道，道亦不可远人。

人不可离道，道亦不可远人。道必须平易近人，而不当高远幽玄。此与荀子所谓“道者非天之道，非地之道，而人之所以道也”意近。《中庸》又云：

> 君子之道，费而隐，夫妇之愚，可以与知焉；及其至也，虽圣人亦有所不知焉。夫妇之不肖，可以能行焉；及其至也，虽圣人亦有不能焉。……君子之道，造端乎夫妇；及其至也，察乎天地。

道虽平易近人，而行之无穷；谓之近则甚近，谓之高亦极高。此道是广大高明而不离乎日用的，人人于日常生活中皆可实行，而行之无有尽竭。

此切近而宏大的道，即是中庸之道。《中庸》云：

此切近而宏大的道，即是中庸之道。

仲尼曰：君子中庸，小人反中庸。君子之中庸也，君子而时中；小人之反中庸，小人而无忌惮也。

子曰：道之不行也，我知之矣！知者过之，愚者不及也。道之不明也，我知之矣！贤者过之，不肖者不及也。

过与不及，都是反中庸。中庸是无过不及，随时以处中。"时中"的观念，亦见于《易·彖传》。《中庸》又云：

中庸是无过不及，随时以处中。

子曰：舜其大知也与？舜好问，而好察迩言，隐恶而扬善，执其两端，用其中于民。其斯以为舜乎！

执两用中，是"中"之意义；审察两极端，取其中而用之。《中庸》又云：

庸德之行，庸言之谨。有所不足，不敢不勉；有余不敢尽。言顾行，行顾言。君子胡不慥慥尔。

此解释所谓"庸"。于平常之德，必实行之；于平常之言，必谨信之。勉其不足，不尽有余。亦即无过不及之义。

这中庸之道之实际内容为何？即是于五伦之中而行智仁勇三德。《中庸》云：

这中庸之道之实际内容为何？

天下之达道五，所以行之者三。曰君臣也，父子也，夫妇也，昆弟也，朋友之交也：五者天下之达者也。智仁勇三者，天下之达德也。所以行之者一也。……子曰，好学近乎智，力行近乎仁，

> 知耻近乎勇。知斯三者，则知所以修身，知所以修身，则知所以治人。知所以治人，则知所以治天下国家矣。

修身以及治天下国家，皆以智仁勇三德为基本。

"达"犹今所谓普遍。五伦，乃普遍之道；智、仁、勇，乃普遍之德。修身以及治天下国家，皆以智仁勇三德为基本。智、仁、勇之仁，包含义与礼。《中庸》云：

> 修身以道，修道以仁，仁者人也，亲亲为大。义者宜也，尊贤为大。亲亲之杀，尊贤之等，礼所生也。

合而言之，只是仁；分而言之，则仁义礼为三。此言仁义礼之意谓，与孟子同。

实行三德而有之于己，行为无不合于道，即达到所谓"诚"的境界，诚即真实无妄：实有此道，实有此德，未尝须臾离道，未尝须臾违德。《中庸》云：

> 诚者，天之道也；诚之者，人之道也。诚者，不勉而中，不思而得，从容中道，圣人也。诚之者，择善而固执之者也。

天有一根本性征，即诚：天是真实无妄的，天之所以为天在此。人则未能诚而求诚，由求诚亦可达到诚的境界。在人言之，诚的境界，即是与道合一，不待思勉而无不合道。求诚则须思勉，要思以择善，勉以固执之。用力久久，则无待思勉而自然合道了。《中庸》又云：

本真实无妄，与道为一，而后始明其理，此是性之自然。

> 自诚明，谓之性；自明诚，谓之教。诚则明矣，明则诚矣。

本真实无妄，与道为一，而后始明其理，此是性之自然。先明其理，而后方能真实无妄，与道为一，此是教之功力。能诚则必明，能明亦必诚，先后原无大别。《中庸》又云：

> 诚者，自成也；而道自道也。诚者，物之终始，不诚无物。是故君子诚之为贵。诚者，非自成己而已也，所以成物也。成己仁也，成物知也，性之德也，合外内之道也，故时措之宜也。

诚乃人之所由以成，道乃人之所由以行。天道唯诚，然后有物；一切物之存在，皆由于天道之诚，如虚妄无实，则一切无有。诚乃人之所以成，而非但成己，且以成物，成己则尽人之所以为人者，故仁；成物则知周乎万物而道济天下，故知。仁知乃天命之性所固有之德。成己成物，即兼物我，亦即合外内。诚是成己成物之道，即合外内之道。《中庸》又云：

诚乃人之所由以成，道乃人之所由以行。

> 唯天下至诚，为能尽其性；能尽其性，则能尽人之性；能尽人之性，则能尽物之性。能尽物之性，则可以赞天地之化育；可以赞天地之化育，则可以与天地参矣。

唯至极真实不妄者，方能尽量了知其本性，能尽量了知其本性，则亦能尽量了知人之本性，能尽量了知人之本性，则亦能尽量了知物之本性；即对人人物物之本性皆无所不悉，无所不尽。如此即能赞助自然之化育，而可与天地并而为三了。尽性的观念，对于以后的哲学思想影响很大。首先提出尽性的观念者，是《中庸》。（《易·说卦传》亦言尽性，年代或在《中庸》之后。）“与天地参”的观念，亦见于荀子。但荀子的理想是利用万物宰制自然，《中庸》的理想则是尽量了知物性而赞助自然，与荀子不同。《中庸》这种赞化育的思想，可以说乃主张与天地相调协，与《易传》所讲最为相近。荀子讲不求知天，《易传》颇注重致知，《中庸》则甚重知天，《中庸》云：

首先提出尽性的观念者，是《中庸》。

思知人，不可以不知天。

唯天下至诚，为能经纶天下之大经，立天下之大本，知天地之化育。

唯能知天地之化育，方能赞天地之化育。

唯能知天地之化育，方能赞天地之化育。

《中庸》亦甚注重礼。《中庸》云：

大哉圣人之道，洋洋乎！发育万物，峻极于天。优优大哉！礼仪三百，威仪三千。待其人而后行。

发育万物，峻极于天，即与天地参之意。所以能如此者，在于礼之实行。

《中庸》以为唯诚可以感化他人。

《中庸》以为唯诚可以感化他人：

诚则形，形则著，著则明，明则动，动则变，变则化。唯天下至诚为能化。

诚则形于外，于是更益彰显而著，以至于发越而有光辉，即明；发越而有光辉，则能使人动心，动心则渐变，渐变既久则整个迁化了。动是初变，化是全变。唯至诚方能使人同化于己。

《中庸》提出尊德行而道问学的命题。

《中庸》提出尊德行而道问学的命题：

故君子尊德行而道问学，致广大而尽精微，极高明而道中庸，温故而知新，敦厚以崇礼。

此谓君子之道，全而不偏：既尊其固有之德行，而更益之以问学；广大无所不包，而于精微亦无所不尽；高明至极，而以中庸为道；不忘旧有，而更随时知新；笃其厚情，而又崇尚礼仪。“尊德行而道问学”是比较全面的观点。孟子重尊德行，荀子主道问学，《中庸》则兼重两者。“致广大而尽精微”，实说出哲学之鹄的。“极高明而道中庸”，是儒家思想之特色。

“极高明而道中庸”，是儒家思想之特色。

与《中庸》同时代的作品，有《大学》，也是儒家的重要典籍之一。《大学》并没有特别标定一个中心观念，它乃是提出一个整齐的系统，有所谓三纲领、八条目。所谓三纲领者，《大学》云：

与《中庸》同时代的《大学》也是儒家的重要典籍之一。

> 大学之道，在明明德，在亲民，在止于至善。

“明明德”即《易·象传》所谓“自昭明德”。明德即人心所固有之善性。亲民即泛爱众。止于至善，即定一最高理想以为实践之准的。《大学》甚注重知止，故又云：

> 知止而后有定，定而后能静，静而后能安，安而后能虑，虑而后能得。

最高理想当先确立。

所谓八条目者，《大学》云：

> 物有本末，事有终始，知所先后，则近道矣。古之欲明明德于天下者，先治其国；欲治其国者，先齐其家；欲齐其家者，先修其身；欲修其身者，先正其心；欲正其心者，先诚其意；欲诚其意者，先致其知；致知在格物。格物而后知至，知至而后意诚，意诚而后心正，心正而后身修，身修而后家齐，家齐而后国治，国治而后天下平。自天子以至于庶人，壹是皆以修身为本。其本乱而末治者否矣！其所厚者薄而其薄者厚，未之有也。

此言行事有一定之次序，平天下需先治国，治国需先齐家，齐家需先修身，修身需先正心，正心需先诚意，诚意需先致知，致知之道在于格物。

此言行事有一定之次序，平天下需先治国，治国需先齐家，齐家需先修身，修身需先正心，正心需先诚意，诚意需先致知，致知之道在于格物。《尔雅·释诂》云：“格，至也。”格物即至物，即就物而考察之。《大学》此种理论之要义在于：一、认为治全需先治分；二、认为治身必先治心；三、认为治心需先有知；四、认为致知在于察物。《大学》甚注重知识，认为知识是心身修养之基础。“物有本末，事有终始，知所先后，则近道矣。”所谓致知，实即于事物知所先后，此乃最根本的。凡此皆《大学》之特色。然《大学》八条目中之最重要者，乃在诚意。《大学》中解释诚意之语最多。王守仁云：“大学之要，诚意而已矣。”（《大学古本序》）诚意实可以说是《大学》整个系统中之重心。《大学》讲诚意云：

《大学》甚注重知识，认为知识是心身修养之基础。

《大学》中解释诚意之语最多。

> 所谓诚其意者，毋自欺也。如恶恶臭，如好好色。此之谓自谦。故君子必慎其独也。小人闲居为不善，无所不至，见君子而后厌然，揜其不善，而著其善。人之视己，如见其肺肝然，则何益矣。此谓诚于中形于外，故君子必慎其独也。

《大学》言诚，注重不自欺之义。不自欺则能自慊。好善如好好色，恶不善如恶恶臭，便是诚意。

《大学》言诚，注重不自欺之义。

《大学》又讲所谓絜矩之道：

> 所恶于上，毋以使下；所恶于下，毋以事上。所恶于前，毋以先后；所恶于后，毋以从前。所恶于右，毋以交于左；所恶于左，毋以交于右。此之谓絜矩之道。

此即是所谓恕。《大学》以为絜矩之道，乃治国平天下之枢要。

《大学》的思想，可以说是孟荀之综合。荀子最注重知止，尝说：“学也者，固学止之也。恶乎止之？曰止诸至足。”（《解蔽》）《大学》所谓知止，或系从荀子得来。孟子曾言：“天下之本在国，国之本在家，家之本在身。”《大学》言修身治国平天下之序，当系本于孟子。

《大学》的思想，可以说是孟荀之综合。

《中庸》以后，以诚为人生之至道的，有唐代儒佛思想之融合者李翱及北宋道学家周敦颐。

《中庸》以后，以诚为人生之至道的，有唐代儒佛思想之融合者李翱及北宋道学家周敦颐。

李翱的人生思想，以“复性”为要义。他认为人之性本纯粹至善，但为情所昏，性乃不见；做圣之道，在于去情以复性。如能复其性，便达到了“诚”之境界。李氏云：

李翱的人生思想，以“复性”为要义。

> 诚者，圣人性之也，寂然不动，广大清明，照乎天地，感而遂通天下之故，行止语默，无不处于极也。复其性者，贤人循之而不已者也；不已则能归其源矣。（《复性书上》）

圣人性本不失，原即在诚的境界中，行止语默，无不合于至善。贤人则需做复性的工夫；用力既久，则能归源，而亦达到诚。李氏又说：

> 道者至诚也，诚而不息则虚，虚而不息则明，明而不息则照天地而无遗。非他也，此尽性命之道也。（同上）

诚乃是尽性命之道。能尽性而复其天命之本然，便是诚。李氏又说：

诚乃是尽性命之道。

> 知本无有思，动静皆离，寂然不动者，是至诚也。……问曰：本无有思，动静皆离，然则声之来也，其不闻乎？物之形也，其不见乎？曰不睹不闻，是非人也。视听昭昭而不起于见闻者，斯可矣。无不知也，无弗见也，其心寂然，光照天地，是诚之明也。（《复性书中》）

诚是至静而又至灵的内心状态。超乎动静之对待，寂然不动，而光照天地，无所不知。外物之变化，皆能洞悉之，而泰然安定，不为所扰。这是一种神秘的境界。李氏又说：

诚者，定也。（同上）

李翱以此种微妙的不动心之境界，为人生最高理想。

诚其实即是定，定即不动心。李翱以此种微妙的不动心之境界，为人生最高理想。

诚的理论至周敦颐而完成。

诚的理论至周敦颐而完成。周子以诚为人所受于宇宙本根之纯善的本性，此纯善的本性，乃作圣之基本。一切道德，皆原于诚。周子说：

> 诚者，圣人之本。大哉乾元，万物资始，诚之源也。乾道变化，各正性命，诚斯立焉。纯粹至善者也。（《通书》）

诚是人之真实无妄之本性；乃源于宇宙本根即万物资始之乾元，即人所禀受于乾道的。唯此本性，纯粹至善。人唯循此本性而行，即可成为圣人。周子又云：

> 圣，诚而已矣。诚，五常之本，百行之源也，静无而动有，至正而明达也。五常百行，非诚非也，邪暗塞也。故诚则无事矣。至易而行难，果而确，无难焉。（同上）

圣人之所以为圣，在于诚而已。

圣人之所以为圣，在于诚而已。仁义礼智信五常及一切德行，皆以诚为基础。诚之体寂然而用无穷，至极中正而无所不通。不诚则一切德行皆属虚伪而无其实，诚则众德圆满，更无余事了。周子又说：

> 寂然不动者诚也，感而遂通者神也，动而未形有无之间者几也。诚精故明，神应故妙，几微故幽。诚神几曰圣人。（同上）

诚是寂然不动的，而神有感而遂通之妙用。由静而动，发而未发之际为几。圣人以诚为体，以神为用，而善察几。

周子又言求诚之道云：

君子乾乾不息于诚，然必惩忿窒欲，迁善改过而后至。(同上)

君子未迨圣人，不能自然而诚；勉力求诚，必克欲以迁善。用力久之，然后能达到诚的境界。

用力久之，然后能达到诚的境界。

诚的学说，成立于《中庸》，引申于《大学》，推衍于李习之和周濂溪。然李与周所谓诚，意谓已与《中庸》不同了。《中庸》以诚为天之道，未尝以诚为人之性；以为至诚能尽性，而未以尽性为诚之意义。李习之乃以尽性或复性为诚，周子更直以诚为人之本然之性之名称。李之说已异于《中庸》，周之说则离《中庸》更远了。然由《中庸》而发展，必然达到周子的学说；《中庸》讲率性又讲诚，由斯推衍，必然达到性诚同一。

诚的学说，成立于《中庸》，引申于《大学》，推衍于李习之和周濂溪。

《中庸》的赞天地之化育的思想，到北宋，邵雍有更进一步的申述。邵子说：

人也者，物之至者也；圣也者，人之至者也。物之至者，始得谓之物之物也；人之至者，始得谓之人之人也。夫物之物者，至物之谓也；人之人者，至人之谓也。以一至物而当一至人，则非圣人而何？人谓之不圣，则吾不信也。何哉？谓其能以一心观万心，一身观万身，一物观万物，一世观万世者焉。又谓其能以心代天意，口代天言，手代天工，身代天事者焉。又谓其能以上识天时，下尽地理，中尽物情，通照人事者焉。又谓其能以弥纶天地，出入造化，进退古今，表里人物者焉。(《皇极经世·观物内篇》)

这是《易传》以来与天地相调协的思想之总的会合。圣人能代天行道，而于天地万物，无所不知，乃能经纬天地，而出入造化。邵子又云：

圣人能代天行道，而于天地万物，无所不知，乃能经纬天地，而出入造化。

能循天理动者,造化在我也。(《皇极经世·观物外篇》)

我不违天,则天亦不违我,即我与天相和谐了。

与诚论甚相接近的人生理想论,是与天为一论。

与诚论甚相接近的人生理想论,是与天为一论。诚本是一种合内外之道,而亦可说是一种合天人之道。(诚是天之道,人如能诚,即与天合一了。)但诚论不以与天为一为其根本观念。与天为一,是北宋张载及程颢的思想,在本质上可说是孟子思想之发展。张子的人生论以孟子尽心知性的观念为主,而又兼摄墨子兼爱论之若干成分。程伯子的人生论,亦以孟子的尽心知性的思想为主,而又会综庄子之万物一体的观念。张子、程伯子亦皆言诚,但诚不是他们的中心观念。

北宋道学家中,首先提出一个宏大崇伟的人生理想的,是张横渠。

北宋道学家中,首先提出一个宏大崇伟的人生理想的,是张横渠,张子由其宇宙论及人性论以建立人生理想论。他以为万有同属一气之变化,人物之性本来同一,而我与物,内与外,原无间隔;但人习于以小我为我,遂以外物为外。故人生之最高原则,即是泛爱所有之人,兼体所有之物,以达到天人内外合一无二之境界。张子说:

性者,万物之一源,非有我之得私也,惟大人为能尽其道。是故立必俱立,知必周知,爱必兼爱,成不独成。(《正蒙·诚明》)

故立则立己亦立人,知则"周万物而知",爱则遍爱一切人,成则不唯"成己"而更"成物"。

万物本唯一性,物我原属相通,大人能明此而实行之,充分表现此理,故立则立己亦立人,知则"周万物而知",爱则遍爱一切人,成则不唯"成己"而更"成物"。张子又说:

以爱己之心爱人则尽仁。(同上书,《中正》)

此即张子所谓兼爱。张子又说:

大人所存，盖必以天下为度。故孟子教人，虽货色之欲，亲长之私，达诸天下而后已。（同上）

“立必俱立，知必周知，爱必兼爱，成不独成”，即是以天下为度。任何事皆当达之于天下。

张子以“大心”为修养之道，他说：

大其心则能体天下之物。物有未体，则心为有外。世人之心，止于闻见之狭；圣人尽性，不以闻见梏其心，其视天下无一物非我。孟子谓尽心则知性知天，以此。天大无外，故有外之心，不足以合天心。（同上书，《大心》）

张子以“大心”为修养之道。

所谓“体”，即视之为我，亦即“置心物中”（朱晦庵语），以今日名词说之，可谓即“直觉”之意。拘于有我之私，则心与物相对立，而内与外相判隔；能扩大其心，而直觉一切物，于是心物之界泯，而内外合一了。人所直接见闻者有限，而心之所直觉可以无穷；心不以所见所闻为限际，然后乃能扩大至于极度。如此则觉物物皆我之一部分，即扩大其我以至于无穷，而不独以小我为我了。所谓大心，其实即是使此心有广大之直觉。张子又说：

以闻见为心则不足以尽心，人本无心，因物为心。若只以闻见为心，但恐小却心。今盈天地之间者皆物也，如只据己之闻见，所接几何？安能尽天下之物？所以欲其尽心也。（《语录》）

必尽物然后能尽心。心不应以直接经验为限，而当与存在同其广大。所不闻见之物，心亦应体念之。

心不应以直接经验为限，而当与存在同其广大。

“视天下无一物非我”，实即是无我，故张子又讲无我，他说：

无我而后大，大成性而后圣。（同上书，《神化》）

穷神知化，与天为一，岂有我所能勉哉？（同上）

无我然后我扩大至于极度，而与天为一。物我内外，合而为一，乃是生活之最高境界。

无我然后我扩大至于极度，而与天为一。物我内外，合而为一，乃是生活之最高境界。张子说：

合内外，平物我，此见道之大端。（《语录》）

张子又作《订顽》教学者，以比喻讲人生之道。以父喻天，以母喻地，以同胞兄弟喻人与人，以同类喻人与物之关系。《订顽》云：

乾称父，坤称母。予兹藐焉，乃浑然中处。故天地之塞吾其体；天地之帅吾其性。民吾同胞，物吾与也。大君者，吾父母宗子；其大臣，宗子之家相也。尊高年，所以长其长；慈孤弱，所以幼其幼。圣其合德，贤其秀也。凡天下疲癃残疾茕独鳏寡，皆吾兄弟之颠连而无告者也。于时保之，子之翼也；乐且不忧，纯乎孝者也。违曰悖德，害仁曰贼。济恶者不才，其践形惟肖者也。知化则善述其事，穷神则善继其志。不愧屋漏为无忝，存心养性为匪懈。……富贵福泽，将厚吾之生也；贫贱忧戚，庸玉汝于成也。存吾顺事，没吾宁也。

吾生于天地之间，乾坤犹若父母。

吾生于天地之间，乾坤犹若父母。充塞于天地之间者气，吾受以为体；气之本性所以为气之帅者，吾受以为性。民犹吾之兄弟，物则吾之相与。天子为天地之宗子，大臣则其家相。高年吾之兄，幼年吾之弟。与天地合德为圣，天地之秀子则贤。人之贫穷残疾者，皆吾同胞之受苦而无告的。在《订顽》，张子是以比喻讲其"爱则兼爱"及"尽体天下之物"的思想。我们所以当爱人并爱物者，因为人属同胞，而物也是一气之所化，也是我们的侪辈。张子又说：

《订顽》之作,只为学者而言,是所以订顽。天地更分甚父母?只欲学者心于天道。若语道,则不需如是言。(《语录》)

此谓《订顽》所说,只是比喻,实亦不必如此说。《订顽》又名《西铭》,对于后来思想影响甚大。

《订顽》又名《西铭》,对于后来思想影响甚大。

张子又有“存神”之说。存神一词,本于孟子。(《孟子·尽心》篇有“所存者神”语。)然张子所谓存神,与孟子原意不同。张子说:

太虚不能无气,气不能不聚为万物,万物不能不散为太虚。……然则圣人尽道其间,兼体而不累者,存神其至矣。(《正蒙·太和》)

所谓存即存之于心,亦即今所谓直觉之义。存神即体认宇宙大化中之能变之妙用。能体认此能变之妙用,然后能兼体万物而无累。张子又说:

气有阴阳,推行有渐为化,合一不测为神。其在人也,知义用利,则神化之事备矣。德盛者穷神,则知不足道;知化,则义不足云。天之化也运诸气,人之化也顺夫时。……《中庸》曰:至诚为能化。孟子曰:大而化之。皆以其德合阴阳,与天地同流而无不通也。(同上)

自然有神化;人如能辨识当然而运用无不顺,神化之事便可谓具备于身。修养至于穷神知化,则又不止于辨识当然而已,而与天为一了。张子又说:

修养至于穷神知化,则又不止于辨识当然而已,而与天为一了。

性性为能存神,物物为能过化。(同上)

无我然后得正己之尽,存神然后妙应物之感。(同上)

以性为性，即“善反之则天地之性存焉”，然后能存神。因物付物，然后能应变而不滞。唯体认能变之妙用，乃能随感即应，各得其宜。

张子讲大心无我，然颇注重人为。

张子讲大心无我，然颇注重人为。他尝说：

天能为性，人谋为能。大人尽性，不以天能为能，而以人谋为能。故曰天地设位，圣人成能。（《正蒙·诚明》）

固当尽其天能，更应发挥人能。张子言修养，亦甚注重有为，他说：

言有教，动有法，昼有为，宵有得，息有养，瞬有存。（《正蒙·有德》）

动静昼夜皆有工夫，片刻亦须用力。此与道家以忘为修养之道者正相反。

张子讲民吾同胞物吾与，更尝自言其志。

张子讲民吾同胞物吾与，更尝自言其志云：

为天地立心，为生民立道，为去圣继绝学。为万世开太平。

此是伟大的思想家之宏卓的怀抱。

程明道以与物同体，不分内外，为人生之理想。

程明道以与物同体，不分内外，为人生之理想。明道将与物同体的态度，名为“仁”，以此意谓的“仁”为生活之最高境界。明道说：

学者须先识仁。仁者浑然与物同体。义礼智信，皆仁也。……此道与物无对，大不足以明之。天地之用，皆我之用。孟子言万物皆备于我。须反身而诚，乃为大乐。若反身未诚，则犹是二物有对。以己合彼，终未有之，又安得乐？《订顽》意思乃备言此体。以此意存之，更有何事？（《语录》二上）

生活之第一原则，即是泯除物我之对待，而与万物为一体；如此则可得最大之快乐。一切烦恼，实皆起于物我之对待；今消弭对待，与物无对，则一切烦恼自然都消失了。明道又说：

生活之第一原则，即是泯除物我之对待，而与万物为一体；如此则可得最大之快乐。

> 医书言手足痿痹为不仁，此言最善名状。仁者以天地万物为一体，莫非己也。认得为己，何所不至？若不有诸己，自与己不相干，如手足不仁，气已不贯，皆不属己。故博施济众，乃圣人之功用。（同上）
>
> 若夫至仁，则天地为一身，而天地之间，品物万形，为四肢百体。夫人岂有视四肢百体而不爱者哉？圣人仁之至也，独能体是心而已。……医书以手足风顽，谓之四体不仁，为其疾痛不与知也，非不仁而何？世之忍心无恩者，其自弃亦若是而已。（同上）

此所说最为深切著明。手足本为个体之我之一部分，人莫不知爱之，而患麻痹疾者，则忘其为己有，此即不仁。然人以小我自限，唯以个体之我为我，而不知众民万物亦本与我为一体，此亦是麻痹，亦是不仁。至仁则以整个宇宙为我，与天地万物为一。

明道此种人生理想论，亦是由其宇宙论而来。明道认为宇宙之根本原则为“生”，而宇宙乃一生生之大流，人与万物皆在此生生之大流中，实息息相通。将宇宙之生的原则表现于生活，便是仁。与天地万物为一体，即不违此生生之理而生活，亦即与生生之大流合一而生活。明道说：

明道此种人生理想论，亦是由其宇宙论而来。

> 天地之大德曰生。天地絪缊，万物化醇。生之谓性。万物之生意最可观，此元者善之长也，斯所谓仁也。人与天地一物也，而人特自小之，何哉？（同上）

生是天地之大德，需体会万物之生意。

生是天地之大德,需体会万物之生意。生之大流只是一个整个历程,人与天地原属一体。明道又说:

> 满腔子是恻隐之心。(同上)

修养到满腔子是恻隐之心，则与宇宙生生之大流通而为一了。明道甚注重天人之一体,他以为天人本一,更不必说合一。

明道说:

> 故有道有理,天人一也,更不分别。(同上)
>
> 天人本无二,不必言合。(同上)
>
> 若不一本,则安得先天而天弗违,后天而奉天时?(同上)
>
> 除了身,只是理。便说合天人。合天人已是为不知者引而致之。天人无间。(同上)

人与天地万物皆在生生之大流中,实无间断。

人与天地万物皆在生生之大流中,实无间断。仁者与天地万物为一体,只是自觉此本来状态而已。明道又讲“定”云:

> 所谓定者,动亦定,静亦定,无将迎,无内外。苟以外物为外,牵己而从之,是以己性为有内外也。……是有意于绝外诱,而不知性之无内外也。即以内外为二本,则又乌可遽语定哉?夫天地之常,以其心普万物而无心;圣人之常,以其情顺万事而无情。故君子之学,莫若廓然而大公,物来而顺应。……苟规规于外诱之除,将见减于东而生于西也。……人之情各有所蔽,故不能适道,大率患在于自私而用智。自私,则不能以有为为应迹;用智,则不能以明觉为自然。今以恶外物之心,而求照无物之地,是反鉴而索照也。……与其非外而是内,不若内外之两忘也。两忘则澄然无事矣。无事则定,定则明,明则尚何应物之为累哉?圣人之喜,以物之当喜;圣人之怒,以物之当怒,是圣人之

喜怒,不系于心而系于物也。是则圣人岂不应于物哉?乌得以从外者为非,而更求在内者为是也?今以自私用智之喜怒,而视圣人喜怒之正为如何哉?(《答张横渠先生书》)

定即心不动于物之谓。心不动于物,即外物刺激来时,皆能从容应付之,而不使扰及内心固有之均衡。思不动于物,莫若不以外物为外物。不分物我,不别内外,则自能不累于物,虽应物而不为所动。如分别外内,厌弃外物,则必常患物扰,而不能定了。修养之道,在于廓然大公,不存私意;物感来时,便顺自然之理而应之。虽有喜怒,而与己无与。喜以物之当喜,不以其有利于我;怒以物之当怒,不以其不利于我。如此则虽有情而无所动心,即达到情顺万事而无情之境界。要之,明道的意思是:内外合一,不存私意,则心能定;反之,分别内外,厌恶外物,便不能定。以与天地万物为一体之心遇物,自然能廓然大公,物来顺应,动静皆定了。明道讲内外两忘,反对用智,颇近于庄子。讲无情,更与庄子同;而言情顺万事,则与庄子异。明道之学,虽以孟子为本,然实亦深受庄子之影响;"与万物为一体"本是庄子的观念。明道之人生理想论,实可以说是孟、庄之综合。

心不动于物,即外物刺激来时,皆能从容应付之,而不使扰及内心固有之均衡。思不动于物,莫若不以外物为外物。

明道之学,虽以孟子为本,然实亦深受庄子之影响。

明道最注重"以明觉为自然",故其言修养方法云:

明道最注重"以明觉为自然"。

识得此理,以诚敬存之而已。不须防检,不须穷索。若心懈,则有防;心苟不懈,何防之有?理有未得,故须穷索;存久自明,安待穷索?……必有事焉而勿正,心勿忘,勿助长。未尝致纤毫之力,此其存之之道。若存得,便合有得。盖良知良能,元不丧失;以昔日习心未除,却须存习此心,久则可夺旧习。此理至约,惟患不能守。既能体之而乐,亦不患不能守也。(《语录》二上)

识得与万物为一体之理以后,只需常常存念而不忘,更不需用纤毫之力。此虽由孟子“心勿忘,勿助长”之说而来,然甚近于道家之无为思想。

注释:

① 吾今以为,《中庸》的大部分是子思所著,个别章节是后人附益的。《中庸》“诚”的思想应先于孟子。

第六课

明心

南宋初，陆九渊提出一种专重内心的人生理想论。程明道的人生思想，即已有此倾向；但确定清晰专讲内心的人，是陆象山。象山讲人生之道，以发明本心为主旨。所谓本心，即是人所固有的仁义礼智之心，亦即人所固有的道德意识。所谓发明本心，即彻底反省吾心固有之道德义理。象山以为生活修养需“先立乎其大者”，即先明心，收拾精神，自作主宰。一切道德义理，莫不出于此心；人只要明心，便自然能循理无违，诸德自备，无待勉强。此心即是理，如能尽此心，即穷尽了天下事物当然之理。

象山说：

人皆有是心，心皆具是理，心即理也。故曰理义之悦我心，犹刍豢之悦我口。所贵乎学者，为其欲穷此理，尽此心也。（《与李宰书》）

此理本天所以与我，非由外铄。明得此理，即是主宰。真能为主，则外物不能移，邪说不能惑。（《与曾宅之书》）

心不可汩一事，只自立心。（《语录》）

一切当然之理，原本在吾之心中，更无心外之理。如能尽得此心，即能明得此理。知理具于吾心而自信其心，便是立心；立心乃德行之本。

此心即理，推此本心以行，则自然能仁能义，能孝能悌，众德圆满，不待勉强而行为莫不当理。象山说：

爱其亲者，此理也；敬其兄者，此理也；见孺子将入井而有怵惕恻隐之心者，此理也；可羞之事则羞之，可恶之事则恶之，此理也；是知其为是非知其为非，此理也；宜辞而辞，宜逊而逊

者，此理也；敬此理也，义亦此理也，内此理也，外亦此理也。……此吾之本心也。（《与曾宅之书》）

人精神在外，至死也劳攘，须收拾作主宰。收得精神在内，当恻隐即恻隐，当羞恶即羞恶，谁欺得你，谁瞒得你！（《语录》）

《语录》又云：

居象山，多告学者云：汝耳自聪，目自明，事父自能孝，事兄自能悌。本无欠阙，不必他求，在自立而已。

所谓本心，是一种先验的道德意识；善则知其为善，恶则知其为恶，虽作为不善而仍自知其为不善的，即是本心。

所谓本心，是一种先验的道德意识；善则知其为善，恶则知其为恶，虽作为不善而仍自知其为不善的，即是本心。象山以为一切道德准则皆出于人之本心，本心是一切道德之根源，人只要发明此本心，顺此本心而行，便自然当如何即如何，而一切行为无不合于道德。心有道德意识，正如耳之聪、目之明，都是自然的。

象山极言自立之重要，认为人需自作主宰，不要附物。象山说：

今人略有些气焰者，多只是附物，元非自立也。若某则不识一个字，亦须还我堂堂地做个人。（《语录》）

上是天，下是地，人居其间，须是作得人方不枉。（同上）

人须是力量宽洪作主宰。（同上）

要当轩昂奋发，莫任他沉埋在卑陋凡下处！（同上）

必须自觉人之贵及本心之善，努力自立起。

象山之说，乃根据孟子“先立乎其大者，则其小者不能夺也”而来。象山云：

我治其大，而不治其小，一正则百正。恰如坐得不是，我不责他坐得不是，便是心不在道。若心在道时，颠沛必于是，造次

必于是。(《语录》)

近有议吾者云:除了先立乎其大者一句,全无伎俩。吾闻之曰:诚然。(同上)

能先立其大,则一正百正,不必注意细节,而细节自无疵病。所以象山之说是简易直截的。

能尽心,则能与天同,至此乃达到人生最高境界。象山说:

能尽心,则能与天同,至此乃达到人生最高境界。

心之体甚大,若能尽我之心,便与天同。为学只是理会此。(《语录》)

到此境界,则:

内无所累,外无所累,自然自在。(同上)

象山自述其修养云:

吾于践履,未能纯一;然才自警策,便与天地相似。(同上)

象山之学,以明心自立为要点,发明本心,自作主宰,于是动静无不合理,不必分别努力于各项道德,而德行自然圆满,无稍缺欠。其极则能与天地相似,达到自然自在之境界。

朱子言穷理,象山亦言穷理;象山言明心,朱子亦未尝不言明心。但象山所说,正与朱子相反。朱子是穷理以明心,象山则是明心以穷理。朱子是由知物以得自觉,象山是由自觉以推知物。朱子亦谓心具众理,但以为受气质所昏蔽,心不能自明其所具之理,必须格物穷理,而后心中之理乃明。象山则谓心即是理,只需发明此心,则于事物之理无所不知;穷理之道,实在于明心。此其不同之所以,仍在于朱谓性即理而心非即理,陆谓心即性即理。以此,故朱之学是理

朱子言穷理,象山亦言穷理;象山言明心,朱子亦未尝不言明心。

学，陆之学是心学。

明代陈白沙献章，讲自然自得之学，以致虚守静为本，其说虽非出于陆象山，然与象山最相近。白沙以自然为根基，以自得为归宿。到自得的境界，则“万感交集而无所动心，未尝致力而应用不遗，高明广大而不离乎日用”。白沙说：

> 忘我而我大，不求胜物而物莫能挠。孟子云：我善养吾浩然之气。山林朝市一也，死生常变一也，富贵贫贱夷狄患难一也，而无以动其心，是名曰自得。自得者不患于外物，不累于耳目，不累于造次颠沛；鸢飞鱼跃，其机在我。（《赠彭惠安别言》）

内外无累，无入而不自得，与鸢鱼同一活泼。自得之极，则“能握造化之枢机”，而“宇宙在我”。白沙说：

> 终日乾乾，只是收拾此理而已。此理干涉至大，无内外，无终始，无一处不到，无一息不运。会此则天地我立，万化我出，而宇宙在我矣。得此把柄入手，更有何事？往古来今，四方上下，都一齐穿纽，一齐收拾，随时随处，无不是这个充塞。（《与林缉熙》）

收拾此理之说，亦与象山为近，修养到此境地，则觉“我大而物小，物尽而我无尽”，整个宇宙在我范围之内。所谓天地我立，万化我出云云，实只表现了唯心论者的狂妄而已。

陆象山之学，大成于王阳明守仁。

陆象山之学，大成于王阳明守仁。阳明之说，从象山“心即理”说出发，认为“心之本体”即是天理，而“天理之自然明觉”，即人之本来的是非之心，便是“良知”。所谓天理，意指普遍的道德准则；所谓天理之自然明觉，意指心所固有的道德意识。阳明以为良知本来圆成，无所缺欠，但常被私欲所蔽。修养之功，即在去私欲之蔽，而复天理之本然，此即致良知。阳明说：

心之本体，即是性，性即是理。（《传习录》）

至善是心之本体。（同上）

“心之本体”即此心未受私欲所蔽时之本来状态。“本”是本然，“体”是不易之常；心原始是如此，及为私欲所蔽，此状态不过隐而不见而已，原亦存在，故谓之心之本体。心之本体即是理，即是至善，实即是道德意识。循此本心以行，则自然众德兼备，无俟勉强。阳明说：

“心之本体”即此心未受私欲所蔽时之本来状态。

心即理也，此心无私欲之蔽，即是天理，不须外面添一分。以此纯乎天理之心，发之事父便是孝，发之事君便是忠，发之交友治民便是信与仁。（同上）

此与象山所言，意思相同。阳明又说：

知是心之本体，心自然会知，见父自然知孝，见兄自然知弟，见孺子入井自然知恻隐。此便是良知，不假外求，若良知之发，更无私意障碍，即所谓充其恻隐之心而仁不可胜用矣。（同上）

所谓良知，即此心自然固有之道德意识。阳明又说：

所谓良知，即此心自然固有之道德意识。

天命之性，至然粹善。其灵昭不昧者，此其至善之发见，是乃明德之本体，而即所谓良知者也。至善之发见，是而是焉，非而非焉，轻重厚薄，随感随应，变动不居，而亦莫不自有天然之中；是乃民彝物则之极，而不容少有议拟增损于其间也。……后之人唯其不知至善之在吾心，而用其私智，以揣摸测度于其外，以为事事物物各有定理也，是以昧其是非之则，支离决裂，人欲肆而天理亡。（《大学问》）

良知是“至善之发见”，自然知是知非，随感而应，绝无误失。人只应顺此良知行去，而不当求理于事物。阳明所谓理，多指当然之理，即行为所应遵循之准则；其所谓良知，亦指当然之知，即对于行为是非之知。阳明又说：

致知云者，非若后儒所谓充广其知识之谓也，致吾心之良知焉耳。良知者，孟子所谓"是非之心，人皆有之"者也。是非之心，不待虑而知，不待学而能，是故谓之良知；是乃天命之性，吾心之本体，自然灵昭明觉者也。凡意念之发，吾心之良知无有不自知者，其善与，唯吾心之良知自知之；其不善与，亦唯吾心之良知自知之：是皆无所与于他人者也。（《大学问》）

人皆有此良知，但不免为私欲所蔽，故须加致之之功。

良知即吾心固有能辨善恶之道德意识。人皆有此良知，但不免为私欲所蔽，故须加致之之功。阳明说：

孟子云，是非之心智也。是非之心，人皆有之。即所谓良知也。孰无是良知乎，但不能致之耳。（《与陆元静》）

圣人之学，唯是致此良知而已，自然而致之者，圣人也；勉然而致之者，贤人也；自蔽自昧而不肯致之者，愚不肖者也。愚不肖者，虽其蔽昧之极，良知又未尝不存也；苟能致之，即与圣人无异矣。（《书魏师孟卷》）

性无不善，故知无不良。良知即是未发之中，即是廓然大公，寂然不动之本体，人人之所同具者也。但不能不昏蔽于物欲，故须学以去其昏蔽，然于良知之本体，初不能有加损于毫末也。（《答陆元静》）

所谓致良知，即去物欲之昏蔽，以复天理明觉之本然。然而欲去物欲之昏蔽，以复天理明觉之本然，更必就心地切实做戒慎恐惧、省察克治之功夫。阳明说：

戒慎恐惧，是致良知的功夫。（《传习录》）

夫心之本体，即天理也；天理之昭明灵觉，所谓良知也，君子之戒慎恐惧，唯恐其昭明灵觉者，或有所昏昧放逸，流于非僻邪妄，而失其本体之正耳。（《与舒国用》）

戒慎恐惧，即精审此心之天理，彻除私欲之昏蔽，乃是致良知的功夫。致良知之功，又是逐渐的、累积的，实有多少次第。阳明说：

戒慎恐惧，即精审此心之天理，彻除私欲之昏蔽，乃是致良知的功夫。

今日良知见在如此，只随今日所知扩充到底；明日良知又有开悟，便从明日所知扩充到底；如此方是精一功夫。（《传习录》）

阳明以为，为人之道只是致其良知，依其良知行去。阳明说：

夫学问思辨笃行之功，虽其困勉至于人一己百，而扩充之极，至于尽性知天，亦不过致吾心之良知而已。良知之外，岂复有加于毫末乎？（《答顾东桥书》）

君子之酬酢万变，当行则行，当止则止，当生则生，当死则死，斟酌调停，无非是致其良知以求自慊而已。（《答欧阳崇一书》）

一切道德事业，只是致其良知而已。阳明又说：

道即是良知，良知原是完完全全；是的还他是，非的还他非。是非只依着他，更无有不是处。（《传习录》）

致良知是人生第一原则。能致良知，则自然能应万事万变了。

阳明更以为如能致良知，则自然以天地万物为一体，而视人犹己，视国犹家。他说：

良知之在人心，无间于圣愚，天下古今之所同也。世之君子，唯务致其良知，则自然公是非，同好恶，视人犹己，视国犹家，而以天地万物为一体；求天下无治，不可得矣。古之人所以能见善不啻若己出，见恶不啻若己入，视民之饥溺犹己之饥溺，而一夫不获若己推而纳诸沟中者，非故为是而以蕲天下之信己也，务致其良知求其自慊而已矣。（《答聂文蔚》）

心中无有人己之分，物我之间，如此者谓之大人。阳明说：

大人者，以天地万物为一体者也；其视天下犹一家，中国犹一人焉。若夫间形骸而分尔我者，小人矣。大人之能以天地万物为一体也，非意之也，其心之仁本若是其与天地万物而为一也。岂惟大人，虽小人之心，亦莫不然；彼顾自小之耳。是故见孺子之入井，而必有怵惕恻隐之心焉，是其仁之与孺子而为一体也。孺子犹同类者也，见鸟兽之哀鸣觳觫，而必有不忍之心焉，是其仁之与鸟兽而为一体也。鸟兽犹有知觉者也，见草木之摧折，而必有悯恤之心焉，是其仁之与草木而为一体也。草木犹有生意者也，见瓦石之毁坏，而必有顾惜之心焉，是其仁之与瓦石而为一体也。是其一体之仁也，虽小人之心，亦必有之，是乃根于天命之性，而自然灵昭不昧者也。（《大学问》）

与天地万物为一体，是人生之最高境界，其实也是人心之本来状态；不过为私欲所昏蔽，故人不自知有此一体之仁心而已。

人莫不有良知，故人莫不有与天地万物为一体之仁心。与天地万物为一体，是人生之最高境界，其实也是人心之本来状态；不过为私欲所昏蔽，故人不自知有此一体之仁心而已。阳明又说：

夫圣人之心，以天地万物为一体，其视天下之人，无外内远近，凡有血气，皆其昆弟赤子之亲，莫不欲安全而教养之，以遂其

万物一体之念。天下之人心,其始亦非有异于圣人也,特其间于有我之私,隔于物欲之蔽,大者以小,通者以塞。(《答顾东桥书》)

能去"有我之私",克"物欲之蔽",则回复与天地万物为一体之本心,此亦即是致其良知。

致良知乃是即知即行的功夫,故阳明又有知行合一之说,以为知行本来不分。阳明说:

知之真切笃实处便是行,行之明觉精察处便是知。若知时其心不能真切笃实,则其知便不能明觉精察。不是知之时只要明觉精察,更不要切实笃行也。行之时其心不能明觉精察,则其行便不能真切笃实,不是行之时只要真切笃实,更不要明觉精察也。(《答友人问》)

知行只是一个历程,就其明觉精察处言,则谓之知;就其真切笃实处言,则谓之行。其实不是二事。《传习录》云:

知行只是一个历程,就其明觉精察处言,则谓之知;就其真切笃实处言,则谓之行。

爱曰:如今人尽有知父当孝,兄当弟者,却不能孝,不能弟。便是知与行分明是两件。先生曰:此已被私欲隔断,不是知行的本体了。未有知而不行者,知而不行,只是未知。……故《大学》指个真知行与人看,说"如好好色,如恶恶臭"。见好色属知,好好色属行;只见那好色时已自好了,不是见了后又立了个心去好。闻恶臭属知,恶恶臭属行;只闻那恶臭时已自恶了,不是闻了后别立个心去恶。……就是称某人知孝,某人知弟,必是其人已曾行孝行弟,方可称他知孝,知弟,不成只是晓得说些孝弟的话,便可称为知孝弟?又如知痛,必已自痛了方知痛;知寒,必已自寒了;知饥,必已自饥了。知行如何分得开?此便是知行的本体,不曾有私意隔断的,圣人教人必要是如此,方可谓之知;不然，只是不曾知。此即是何等紧切着实的功夫！……知是行的主意，行是知的功夫；知是行之始，行是知之成。若会得时，只说一个知，已自有行在；只说一个行，已自有知在。

有此知，则有此行；有此行，此知方能完成。

知行之本来是合一的。有此知，则有此行；有此行，此知方能完成。如有所知，而又起别的意念，不能依所知者行去，这便是被私欲所隔断，不是知行之本来了；然既未行，则其知亦不能完成，即非真知。阳明又说：

今人却就将知行分作两件去做，以为必先知了，然后能行；我如今且去讲习讨论，做知的功夫，待知得真了，方去做行的功夫。故遂终身不行，亦遂终身不知，此不是小病痛。（同上）

致知本在于行，不行永无真知。阳明又说：

今人学问，只因知行分作两件，故有一念发动，虽是不善，然却未曾行，便不去禁止。我今说个知行合一，正要人晓得，一念发动处，便即是行了；发动处有不善，就将这不善的念克倒了，须要彻根彻底，不使那一念不善潜伏在胸中。此是我立言宗旨。（同上）

一念发动，知其不善，便需克服；如此方是知行合一。

阳明所谓知，不同于一般所谓知识；其所谓行，亦不等于一般所谓践履。阳明又说：

知行本体，即是良知良能。（《答陆元静》）

不曾被私欲隔断之本来的知行，就是良知良能。良知属知，良能属行，良知良能原是不可分的。

阳明言知行合一,故又讲"事上磨炼",以事上磨炼为修养之最重要最有效的功夫。他说:

> 人须在事上磨炼做功夫乃有益;若只好静,遇事便乱,终无长进。那静时功夫,亦差似收敛,而实放溺也。(《传习录》)

事上磨炼,乃是致良知之最切实的功夫。阳明又说:

> 良知明白,随你去静处体悟也好,随你去事上磨炼也好,良知本体原是无动无静的。(同上)

阳明又以为养心不可离却事物,他说:

> 吾儒养心,未尝离却事物,只顺其天则自然就是功夫。释氏却要尽绝事物,把心看作幻相,渐入虚寂去了,与世间若无些子交涉,所以不可治天下。(同上)

阳明又尝说:"若离了事物为学,却是著空。"阳明所最注重者是内心的修养,而又讲事上磨炼,反对离却事物为学。

象山发明本心,阳明致良知的学说,其实际的意谓,即是认为人心本来有知理知义的道德意识,一切道德原则都出于此,而非起于经验。人只需依自己固有的是非之心行去,不必分别注意各项道德原则,而行为自然无不合于道德。人生修养之道,只在克除私欲之昏蔽,以回复本来固有的道德意识;如此便能众善兼备,而达到生活之圆满。陆王修养法之最大特色是简易直截。

陈白沙弟子湛甘泉若水,与阳明同时,思想与阳明颇相近,然亦甚不同。王湛两家哲学之殊异,在于王专重内而湛则讲不分内外。所以阳明人生思想之主旨是"致良知",而甘泉人生思想之主旨则是"体认天理"。甘泉说:

阳明言知行合一,故又讲"事上磨炼",以事上磨炼为修养之最重要最有效的工夫。

人生修养之道,只在克除私欲之昏蔽,以回复本来固有的道德意识;如此便能众善兼备,而达到生活之圆满。

圣贤非有二事，自意心身至家国天下，无非随处体认天理。(《答王宜学》)

所谓天理即自然而普遍的准则。

所谓天理即自然而普遍的准则。甘泉以体认天理为人生第一原则。他又说：

天理二字，圣贤大头脑处，若能随处体认，真见得，则日用间参前倚衡，无非此体，在人涵养以有之于己耳。(《上白沙》)

天理是一大头脑，千圣千贤，共此头脑。终日终身，只是此一大事，更无别事，立志者志乎此而已。体认是功夫，以求得乎此者；煎销习心以去其害此者。心只是一个好心，本来天理完完全全，不待外求，顾人立志否耳。(《语录》)

甘泉亦认为天理是人心所固有，体认天理非是求之于外。他又说：

天理二字，人人固有，非由外铄；不为尧存，不为桀亡。故人皆可以为尧舜，途之人可以为禹者，同有此耳。(《语录》)

体认天理云者，兼知行，合内外言之也。天理无内外也……乃吾之良知良能也，不假外求也。但人为气习所蔽，故生而蒙，长而不学则愚。故学问思辨笃行诸训，所以破其愚，去其蔽，警发其良知良能者耳，非有加也。(《答阳明》)

天理是事物的普遍必然之理，此理并不在心外，而乃人心之所固有。在个人言之，即是良知良能；合内外言之，则是天理。阳明的学说是一种主观唯心论，故说致良知；甘泉的学说有绝对唯心论的倾向，故不说良知，而止说天理。说良知，则可以见其为内的；说天理，则通乎内外。甘泉又说：

阳明谓随处体认天理是求于外。……盖阳明与吾看心不同。吾之所谓心者,体万物而不违者也,故无内外;阳明之所谓心者,指腔子里而为言者也。故以吾之说为外。(《答杨少默》)

甘泉之所谓心,乃绝对的心,是无内外的;其所谓体认天理,亦是无内外的。

甘泉之所谓心,乃绝对的心,是无内外的;其所谓体认天理,亦是无内外的。

甘泉讲"体认天理",注重"随处"。甘泉解释所谓随处云:

吾之所谓随处云者,随心随意随身随家随天下,盖随其所寂所感时耳。一耳,寂则廓然大公,感则物来顺应;所寂所感不同,而皆不离于吾心中正之本体。本体即实体也,天理也,至善也。(《答阳明》)

随处体认,乃是合心与事,动与静而言。甘泉又说:

体认天理而云随处,则动静心事皆尽之矣。若云随事,恐有逐外之病也。孔子所谓"居处恭",乃无事静坐时体认也;所谓"执事敬,与人忠",乃有事动静一致时体认也。体认之功,贯通动静隐显,只是一段功夫。(《语录》)

既言体认,又言随处,都是有绝对唯心论倾向的思想之特点。甘泉的学说,虽与阳明不同,但究竟都强调唯心。甘泉尝说:

吾所谓天理者,体认于心,即心学也。有事无事,原是此心。无事时万物一体,有事时物各付物,皆是天理充塞流行。(同上)

阳明尝谓良知是天理,甘泉亦尝谓天理是良知。

阳明尝谓良知是天理,甘泉亦尝谓天理是良知。两家之不同,只在阳明从个人的内心来讲,而甘泉则从合内外的观点来讲。

象山、白沙、阳明、甘泉之说,都是心学,与程朱之说可专名为理学者，相对立。理学颇注重知识，心学则专注重内心的修养。理学不注意神秘经验，心学则最注意于神秘经验。象山、白沙、阳明、甘泉，都以与天地万物为一体的神秘境界为生活之圆满。心学家，因特别专意于修养，更常达到另一种境界，即觉得此心光明洞彻，澄莹中立。象山《语录》中詹阜民所录云：

心学家，因特别专意于修养，更常达到另一种境界，即觉得此心光明洞彻，澄莹中立。

> 先生谓曰：学者能常闭目亦佳。某因此无事则安坐瞑目，用力操存，夜以继日。如此者半月。一日下楼，忽觉此心已复，澄莹中立。窃异之，遂见先生。先生目逆而视之曰：此理已显也！某问先生何以知之。曰占之眸子而已。因谓某道果在迩乎？某曰然。

詹阜民这种此心澄莹中立的境界，大概陆象山也曾有之，所以能逆视而知之。象山所谓"才自警策便与天地相似"，当即是相类的境界。

陈白沙亦有相似的经验，《明儒学案·白沙传》云：

> 静坐久之，然后见此心之体隐然呈露，常若有物，日用间种种应酬，随吾所欲，如马之御衔勒也。

阳明弟子王心斋艮，在未见阳明时，即已有此种经验。《明儒学案·心斋传》云：

> 一夕梦天堕压身，万人奔号求救，先生举臂起之，视其日月星辰失次，复手整之，觉而汗溢如雨，心体洞彻，自此行住语默，皆在觉中。

阳明又一弟子聂双江豹，亦有相似经验，《明儒学案·双江传》云：

狱中闲久静极，忽见此心真体光明莹彻，万物皆备，乃喜曰：此未发之中，守是不失，天下之理皆从此出矣。

此外不甚著名的心学家有此种经验者尚多。这种心体隐然呈露光明莹彻的境界，确实是一种很神秘的经验，这是心学家的修养之一个特色，而也可以说是心学与禅学相类似的地方。

第七课

践形

在先秦时代，因有道家之消极的无为哲学，遂引起荀子的有为思想；在近古时代，因有专重“内心”的心学，也引起了一种反响，而发生一种注重“向外的发展”之新的有为哲学。理学与心学皆不重视人为；此新的哲学，则特重人为。理学看重理不看重事，心学看重心不看重形；此新的哲学，则特别看重事物与形体。此种新人生论，成立于王夫之及颜元，发挥于戴震。颜的年代虽较王为晚，然未尝受王氏之影响；戴则虽未尝称述颜氏，却实曾受颜氏之影响。然因此三思想家并无师承关系，故其学说亦非完全一致，不过大体的倾向可谓同归。为此三家的人生思想立一总名称，实甚不易，今勉强名之为践形论。此三思想家的人生论之中心观念，亦实可以说是注重形体之发展，与理学家注重致知穷理，心学家注重发明本心，正是鼎立的三说。

现在先述王船山的学说。船山的人生论,以“存人道”与“践形”为中心观念。他认为人生应当尽量发展人之所以为人者,即人之所以异于禽兽者。船山说:

船山的人生论,以“存人道”与“践形”为中心观念。

> 立人之道曰仁与义,在人之天道也;由仁义行,以人道率天道也。行仁义则待天机之动而后行,非能尽夫人之所以异于禽兽者矣。天道不遗于禽兽,而人道则为人之独。由仁义行,大舜存人道,圣学也。自然云乎哉?(《思问录·内篇》)

“人之独”即是人之所以为人之特点。人之生来的善性,乃“在人之天道”,尚非人之所以为人者;人生应“以人道率天道”,即以人为领导自然,而不当待天机之动而后行。船山又说:

> 知仁勇,人得之厚而用之也至,然禽兽亦与有之矣;禽兽之与有之者,天之道也。好学近乎知,力行近乎仁,知耻近乎勇,人之独而禽兽不得与,人之道也。故知斯三者则可以修身,治人治天下国家,以此矣。(同上)

过去大多数哲学家，都赞美自然而鄙视思勉，船山则赞美思勉而不看重自然，这是船山思想之一个特色。

人之所以为人者，乃在于能思能勉。过去大多数哲学家，都赞美自然而鄙视思勉，船山则赞美思勉而不看重自然，这是船山思想之一个特色。船山又说：

> 二气五行，抟合灵妙，使我为人，而异于彼；抑不绝吾有生之情，而或同于彼。乃迷其所同，而失其所以异，负天地之至仁，以自负其生！此君子所以忧勤惕厉，而不容已也。（《俟解》）

我们人实应优勤惕厉，以保持并发展人之所以异于禽兽者！

“以人道率天道”的结果，便能裁制自然而达到“先天而天弗违”的境界，船山说：

> 天者道，人者器，人之所知也；天者器，人者道，非知德者其孰能知之？……人道之流行，以官天府地，裁成万物，而不见其迹，故曰天者器人者道。（《思问录·内篇》）
>
> 先天而天弗违，人道之功大矣。（同上）

此所谓道是主宰的准则，所谓器是遵循准则之事物。人是天之所生，但人却亦能“官天府地，裁成万物”。船山又说：

> 天有以仁人，人亦有以仁天仁万物。恃天之仁而违其仁，去禽兽不远矣。（同上）

“官天府地，裁成万物”，乃所以“仁天仁万物”；必如此方为能发挥人之所以为人者。船山又说：

人是主持自然的，存人道乃所以配天地。

> 自然者天地，主持者人。（《周易外传》二）
>
> 存人道以配天地，保天心以立人极。（同上）

人是主持自然的，存人道乃所以配天地。

船山既重人为,更甚重“生”。他说:

圣人者人之徒,人者生之徒。既以有是人矣,则不得不珍其生。生者所以舒天地之气,而不病于盈也。(同上)

圣人尽人道而合天德。合天德者,健以存生之理;尽人道者,动以顺生之几。(同上)

人为生物,实当珍其生,应保持其生性而顺遂其生机。船山又说:

将贵其生,生非不可贵也。将舍其生,生非不可舍也。……生以载义,生可贵。义以立生,生可舍。(《尚书引义》五)

生固足珍,然而必合于义。贵生而可为义舍生,此是儒家人生思想之特色。

船山贵生,故亦重形,而以“践形”为人生之准则。践形一词,本于孟子。船山说:

船山贵生,故亦重形,而以“践形”为人生之准则。

形之所成斯有性,情之所显唯其形。故曰:形色天性也,惟圣人然后可以践形。(《周易外传》一)

贱形必贱情,贱情必贱生,贱生必贱仁义,贱仁义必离生,离生必谓无为真,而谓生为妄。而二氏之说昌矣。(同上二)

践形之意义,有两方面:一发展形体各方面之机能,使各至其极;二使形体之各部分莫不合于道理。

践形之意义,有两方面:一发展形体各方面之机能,使各至其极;二使形体之各部分莫不合于道理。统而言之,即认为形体各部分皆有其当然之则,而应充分发展之各使合于其当然之则。世俗之人,耽于声色货利,唯以形体为重,而不求合于道理;然既已违道,则形体亦终必受戕伤。于是反其说者,乃鄙视形体,欲外形体而别求道。如庄子所谓“堕肢体黜聪明”,释氏谓身为臭皮囊。然外形体而求道,其所谓道者将不过空幻而已。践形之说，则认为形体与道，原非二事，而当即形体以实行道德。此义古代儒家即已有之。宋明儒者，因受老释之影响，对此义未甚注重。船山乃特重此义。船山又说：

人之体唯性，人之用唯才。……形者性之凝，色者才之撰也。故曰汤武身之也。谓即身而道在也。道恶乎察？察于天地。性恶乎著？著于形色。有形斯以谓之身，形无有不善，身无有不善，故汤武身之而以圣。……性焉安焉者，践其形而已矣；执焉复焉者，尽其才而已矣。（《尚书引义》四）

唯圣人然后可以践形。践其下，非践其上也。故聪明者，耳目也；睿知者，心思也；仁者人也；义者事也；中和者礼乐也；大公至正者，刑赏也；利用者，水火金木也；厚生者，谷蓏丝麻也；正德者，君臣父子也。如其舍此，而求诸未有器之先，亘古今，通万变，穷天穷地穷人穷物，而不能为之名，而况得有其实乎？（《周易外传五》）

"即身而道在"，是谓践其形。践形乃践形而下者，非践形而上者。践形更必即物以践之，内而发展耳目心思之机能，外而使五行百物各得其所，以使君臣父子礼乐刑政各得其正。船山颇注重正德利用厚生，稍晚之颜习斋特重此"三事"，与船山之意相近。船山又尝说：

入五色而用其明，入五声而用其聪，入五味而观其所养，乃可以周旋进退与万物交，而尽性，以立人道之常。……故五色不能令盲也，盲者盲之，而色失其色矣。五声不能令聋也，聋者聋之，而声失其声矣。五味不能令口爽也，爽者爽之，而味失其味矣。冶容淫声，酡甘之味，非物之固然也。……若其为五色五声五味之固然者……礼所生焉,仁所显焉,非是而人道废。……君子之自求于威仪,求诸色声味也。求诸色声味者,审知品节,而慎用之,则色声味皆威仪之章矣。目历玄黄,耳历钟鼓,口历肥甘,而道无不行,性无不率。何也?惟以其不盲不聋不爽者,受天下之色声味而正也。(《尚书引义》六)

以聪耳明目不爽之口,运用天下之五色五声五味,使各尽其用,各循其则,以成我之德行。道德不是脱离外物的,而是以物为凭借。船山又说:

且夫物之不可绝也,以己有物;物之不容绝也,以物有己。己有物而绝物,则内戕于己。物有己而绝己,则外贼乎物。物我交受其戕贼,而害乃极于天下。况乎欲绝物者,固不能充其绝也,一眠一食而皆与物俱,一动一言而必依物起。不能充其绝,而欲绝之,物且前却而困己,己且龃龉而自困。(同上)

物不当绝,而亦不可绝。欲绝物者,必终于自违。船山又尝说:

天之风霆雨露,亦物也。地之山陵原隰,亦物也。则其为阴阳为刚柔者,皆物也。物之飞潜动植,亦物也。民之厚生利用,亦物也。则其为得失为善恶者皆物也。凡民之父子兄弟亦物也。往圣之嘉言懿行亦物也。则其仁义礼乐者皆物也。(《尚书引义》一)

此以厚生利用人伦道德为物。以后颜习斋谓"六艺固事物之功,即德行亦在事物内",与此意仿佛。船山又云:

以后颜习斋谓"六艺固事物之功,即德行亦在事物内",与此意仿佛。

食色者礼之所丽也;利者民之依也;辨之于毫厘,而使当其则者,德之凝也。(同上)

所谓德者，乃就食色货利而使各当其则不爽毫厘。以后戴东原之思想，即以此义为宗旨而特别发挥。

船山重形体，故不赞成无我。

船山重形体，故不赞成无我。他说：

言无我者，亦于我而言无我尔。如非有我，更孰从而无我乎？于我而言无我，其为淫遁之辞可知。大抵非能无我，特欲释性流性，恣轻安以出入尔。否则惰归之气，老未至而耄及之者也。（《思问录·内篇》）

人实不能离身体而存在，言无我者实不免于自违。

船山主“健以存生之理”，“动以顺生之几”，故极反对柔静。

船山主“健以存生之理”，“动以顺生之几”，故极反对柔静。他说：

病则喜寂，哀则喜愍。喜者阳之舒，寂愍者阴之惨。阴胜而夺其阳矣。故所喜随之而移于阴；非病与哀，则小人而已矣。……故曰：吾未见刚者。喜流于阴柔，而以呴沫为仁，以空阒为静者，皆女子小人之道也。（同上）

生之本质是刚健活动，柔静实乃违于生之本质的。

船山又以为重“知”不如重“能”。

船山又以为重“知”不如重“能”。他说：

孟子言良知良能，而张子重言良能。盖天地以神化运行为德，非但恃其空晶之体；圣人以尽伦成物为道，抑非但恃其虚灵之悟。故知虽良，而能不逮，犹之乎弗知。近世王氏之学，舍能而孤言知，宜其疾入于异端也。（《正蒙注》三）

重心则必贵知，重形则必贵能。然船山亦非不重知，不过认为不可“舍能而孤言知”。船山甚注重“知物”，“知天”。他说：

惟于天下之物知之明，而合之离之，消之长之，乃成吾用。不然，物各自物，而非我所得用。（同上）

以人知天，体天于人，则天在我。（同上）

知物然后能用物，不知之则不能用之。昔荀子重用物而轻知物，船山此说，足释其蔽。惜船山对于此点亦未有详尽的发挥。

船山生当明末清初之际，身经亡国的惨痛，深知专事虚静养心之无益，故贵人为，重形体，特阐德行非外于身物之义。进而更有容忍之说。船山云：

诚于忍者，利不歆而害亦不距。诚于容者，名不竞而实亦不争，诚有之也。知天下之险阻荼毒，皆命之所必受；知物情之刻核残忍，皆道之所能格。将有憯肌肤戮妻子而不动，受垢污被攘夺而不怼。志之所至，而气以凝。欲仁得仁，而丧亦仁矣。……行夷狄，素患难，而介然以其坚贞之志，与日月争光。（《尚书引义》六）

履信思顺者，虽险而不倾。取义蹈仁者，虽死而不辱。安能因人之好恶，以蒸成朝菌之荣光哉？存亡者天也，死生者命也。宠不惊而辱不屈者，君子之贞也。（同上）

忍人之所不能忍，容人之所不能容，以守其坚贞之节，而保持人之所以异于禽兽者。这是船山之坚定卓绝之志操之宣述。

忍人之所不能忍，容人之所不能容，以守其坚贞之节，而保持人之所以异于禽兽者。这是船山之坚定卓绝之志操之宣述。

船山主张尽力发挥人之所以异于禽兽者，而以为此种人之所以异于禽兽者不在于人的自然倾向，而在于人的能思能勉。此点颇近于荀子。而更认为发挥人之所以为人者，当就形体以发挥之，此说与以后之颜习斋、戴东原之思想大体相同。要之，船山之人生论，实是有唯物倾向的人本的有为哲学。

颜习斋的人生论，与船山颇相近。

颜习斋的人生论，与船山颇相近。然对于宋明道学，船山攻击陆王心学，而不甚反对程朱理学；习斋则对于程朱陆王，理学心学，一齐反对，而主张完全返于孔孟，企图将后来儒家所吸收之道家佛教的思想成分，彻底涤除净尽。习斋的人生论之中心观念是"践形以尽性"。他以为性形是合一的，求尽性，必须于形尽之；尽性之道，在于践形。而如何以践形呢？则需"见之事"、"征诸物"，要在事物中习行。习斋最注重事物；习斋之学，实可以名为事物之学。习斋说：

> 空静之理，愈谈愈惑；空静之功，愈妙愈妄。吾愿求道者，尽性而已矣；尽性者，实征之吾身而已矣；征身者，动与万物共见而已矣。吾身之百体，吾性之作用也；一体不灵，则一用不具。天下之万物，吾性之措施也；一物不称其情，则措施有累。身世打成一片，一滚做功。近自几席，远达民物；下自邻比，上暨庙廓；粗自洒扫，精通燮理；至于尽伦定制，阴阳和，位育彻，吾性之真全矣。(《存人编》)

佛老的空静是要不得的，应当注重实动。

佛老的空静是要不得的，应当注重实动。什么是最实的呢？便是身与物。我们要用我们的身体，以万物为对象来活动。须使一身的百体无一不灵，天下的万物无一不称其情。由下而上，由粗而精，从日常事情做起，直到赞化育参天地，然后本性乃得到充分的发挥。习斋又说：

> 尧舜周孔之言性也，合身言之，故曰有物有则。尧舜性之，汤武身之。尧舜率性而出，身之所行皆性也；汤武修身以复性，据性之形以治性也。孔门后，惟孟子见及此，故曰：形色天性，惟圣人然后可以践形。形性之形也，性形之性也；舍形则无性矣。舍性亦无形矣。失形者据形求之；尽性者于形尽之；贼其形则贼

> 其性矣。即以耳目论，吾尧舜明四目，达四聪；使吾目明彻四方，天下之形无蔽焉；使吾耳聪达四境，天下之声无壅焉。此其所以光被四表也。吾孔子视思明，听思聪；非礼无视，非礼无听；明者目之性也，聪者耳之性也，视非礼则蔽吾明，乱吾性矣；听非礼则壅吾聪，乱吾性矣。绝天下非礼之色，以养吾目；贼在色不在目也，贼更在非礼之色，不在色也。去非礼之色，则目彻四方之色，适以大吾目性之用。绝天下非礼之声，以养吾耳；贼在声不在耳也，贼更在非礼之声，不在声也。去非礼之声，则耳达四境之声，正以宣吾耳性之用。推之口鼻手足心意，咸若是。推之父子君臣夫妇兄弟朋友，咸若是。（同上）

性与形是合一的，离性固无形，离形亦无性。尽性与践形，实是一事。人生之道，在于使形体做充分正当的发展。如耳目等，要尽量地适当发展之。目要极其明，以彻四方之色；耳要极其聪，以达四境之声。充分适当发挥形体固有的可能，乃是生活之根本准则。习斋又说：

人生之道，在于使形体做充分正当的发展。

> 内笃敬而外肃容，人之本体也，静时践其形也。六艺习而百事当，性之良能也，动时践其形也。絜矩行而上下通，心之万物皆备也，同天下践其形也。（《年谱》）

居处恭谨而严肃，为静时践形；习行六艺而百事皆宜，为动时践形。实行絜矩之道于天下，而与天地同流，乃是践形之最高境界。践形是唯一的总赅的生活准则，所谓“神圣之极，皆自践其形也”（《存学编》）。

践形是唯一的总赅的生活准则，所谓“神圣之极，皆自践其形也”。

习斋最注重事物，以为道不可离事物，学亦不可离事物。他说：

孟子必有事焉句，是圣贤宗旨。心有事则心存，身有事则身修，至于家之齐，国之治，天下之平，皆有事也。无事则道统治统俱坏，故乾坤之祸，莫甚于老之无，释之空，吾儒之主静。（《言行录》）

周孔以逆知后世有离事物以为道，舍事物为学者，故德行艺总名曰物，明乎六艺固事物之功，即德行亦在事物内。（《年谱》）

释氏宋儒，静中之明，不足恃也，动则不明矣。故尧舜之正德利用厚生，谓之三事。不见之事，非德非用非生也。周公之六德六行六艺，谓之三物。不征诸物，非德非行非艺也。（同上）

活动为事，形器为物；引申之，凡有状况可辨者谓之事，凡有形迹可睹者谓之物。有状有迹之事物，乃是基本；而道与学，德与艺，皆不可离事物。不见于事，则只是空言，不是真实的正德利用厚生；不征诸物，则只是虚幻，不是真实的六德六行六艺。习斋又说：

不见于事，则只是空言，不是真实的正德利用厚生；不征诸物，则只是虚幻，不是真实的六德六行六艺。

见理已明而不能处事者，多矣。有宋诸先生便谓还是见理不明，只教人明理。孔子则只教人习事，迨见理于事，则已彻上彻下矣。（《存学编》）

程朱理学，注重明理，以为能明理则能循理，自然处事得宜；习斋则以为这只是“静中之明”，是不足恃的，而注重习事。习事既久，则能“见理于事”，方是实见。习斋又说：

为主静空谈之学久，必至厌事，厌事必至废事，遇事即茫然，贤豪不免，况常人乎，予尝言误人才败天下事者，宋人之学也，不其信夫？（《年谱》）

只求明理，必至于废事而不能应物；如以习事为主，则能于事见理。二者一虚一实，一足以败天下事，一足以成天下事。

二者一虚一实，一足以败天下事，一足以成天下事。

习斋以为“心有事则心存，身有事则身修”，所以讲治心修身之道，都注重有事。他说：

> 人心动物也，习于事则有所寄而不妄动。故吾儒时习力行，皆所以治心。（《言行录》）

> 吾用力农事，不遑食寝，邪妄之念，亦自不起。若用十分心力，时时往天理上做，则人欲何自生哉？信乎力行近乎仁也。（同上）

心常习于事，则自然正而不妄。理学心学都注重体认天理，习斋则主张“时时往天理上做”，这也是习斋注重事的表现。理学注重敬，习斋也颇讲敬，但认为不可离事而言敬。他说：

> 孔门之敬，合内外打成一片，即整饬九容是也。故曰修己以敬，百事无不精详，即尧舜和三事，修六府，周孔之六行六艺是也。故尧典诸事皆钦，孔门曰敬事，曰执事敬。（同上）

习斋弟子李恕谷塨关于敬，更有较确切的说明。他说：

> 圣门不空言敬。敬其事，执事敬，行笃敬，修己以敬，孟子所谓必有事也。（《传注问》）

> 宋儒讲主敬，皆主静也。主一无适，乃静之训，非敬之训也。（同上）

敬不可离事，凡敬都是做事敬，不事事则无所谓敬。颜李所谓敬实与程朱所谓敬不同其意义。

颜学之最大特色，是注重事物。

颜学之最大特色，是注重事物。所谓践形，形即一物，践则是事。程朱陆王都不甚看重事物，以为事物是粗的，不值得重视，而理与心是精的，应当崇尚。老子“以本为精，以物为粗”（《庄子·天下》）的态度，宋明道学家实都不免有之。习斋的主张，则正与此相反，他认为粗才是根本的，必须先粗而后精；如精粗不可得兼，宁求粗而舍精。习斋说：

喜精恶粗，是后世所以误苍生也。（《存学编》）

学之亡也，亡其粗也，愿由粗以会其精；政之亡也，亡其迹也，愿崇迹以行其义。（《年谱》）

“由粗”、“崇迹”，是颜学的根本观点。这实是一种很伟大卓拔的思想。

“由粗”、“崇迹”，是颜学的根本观点。这实是一种很伟大卓拔的思想。习斋又说：

学原精粗内外一致加功。近世圣道之亡，多因心内惺觉，口中讲说，纸上议论，三者之间见道，而身世乃不见道。（《年谱》）

上下精粗，皆尽力求全，是谓圣学之极致耳；不及此者，宁为一端一节之实，无为全体大用之虚。（《存学编》）

宁粗而实，不精而虚，这是颜学的精神。

宁粗而实，不精而虚，这是颜学的精神。

习斋最注重身体习行，故反对冥想及讲说议论，他说：

书本上见，心头上思，可无所不及，而最易自欺欺世。（《言行录》）

人之为学，心中思想，口内谈论，尽有百千义理，不如身上行一理之为实也。（同上）

这也是宁粗而实，不精而虚的意思。

关于颜学之主旨，李恕谷有一段话，讲得极好。他说：

圣学践形以尽性;耳聪目明,践耳目之形也。手恭足重,践手足之形也。身修心睿,践身心之形也。践形而仁义礼智之性尽矣。今儒堕形以明性;耳目但用于诵读,耳目之用去其六七。手但用于写字,手之用去其七八。足恶动作,足之用去九。静坐观心而身不喜事,身心之用亦去九。形既不践,性何由全?此一实,一虚;一有用,一无用;一为正学,一陷异端:不可不辨也。(《恕谷年谱》)

颜李之学,与理学及心学之不同,实即在于理学心学都分性形为二,而颜李则合性形为一。

颜李的宇宙论,较为粗略;颜李的人生论,则较精彻详密。颜李之学,可谓事物之学,而对于程朱的理学,陆王的心学而言,亦可名为"事学"。颜李的思想,实较适合于近代生活。习斋与恕谷都极能实行其思想,习斋尤坚苦卓绝,他的刻苦力行的精神,很近于墨子,习斋自己也尝说:

颜李的宇宙论,较为粗略;颜李的人生论,则较精彻详密。

思己近墨,王法乾近杨,宜返于中。(《年谱》)

他是自己知道近墨的。

根据颜李的思想而做更进一步的发展的,是戴东原。东原未尝称道颜李,然实曾受颜李之影响。颜李反对宋学,而对于汉代训诂之学,亦同等反对。东原的学问,则训诂以考据为主,他根本是一个汉学家。此实与颜李大异,或为此不肯宗述颜李。不过东原的哲学思想,确实是颜李的哲学思想之发展。东原的人生论,以由自然归于必然,达情遂欲而去私解蔽为主旨。东原首先分别自然与必然,他所谓必然,非指现在一般所谓必然,而是当然或应当的意思。东原以为人生之大道在于由自然而归于必然。他说:

根据颜李的思想而做更进一步的发展的,是戴东原。

东原的人生论,以由自然归于必然,达情遂欲而去私解蔽为主旨。

圣人亦人也,以尽乎人之理,群共推为圣智。尽乎人之理非他,人伦日用尽乎其必然而已矣。(《孟子字义疏证》)

于人伦日用尽其所当然,便是尽人之理。东原又说:

由血气之自然,而审察之以知其必然,是之谓理义。自然之与必然,非二事也。就其自然明之尽而无几微之失焉,是其必然也。如是而后无憾,如是而后安,是乃自然之极则。若任其自然,而流于失,转丧其自然,而非自然也。故归于必然,适完其自然。(同上)

自然与必然,是对立而统一的。由自然而求其无失无憾,便是必然。所以必然是自然之极致,自然之完成。不归于必然,则自然不能完成,而必至于转丧其自然。人生之自然便是血气,析言之则为欲及情;人生之必然便是理义,详言之即仁义礼智。东原以仁礼义为三个基本的德,而知此三者则谓之智。东原人生思想之纲领是,由欲与情之自然,而求其无失无憾,以归于仁义礼智之必然。东原说:

人生之自然便是血气,析言之则为欲及情;人生之必然便是理义,详言之即仁义礼智。

凡有血气心知,于是乎有欲。……既有欲矣,于是乎有情。……既有欲有情矣,于是乎有巧与智。……生养之道,存乎欲者也;感通之道,存乎情者也。二者自然之符,天下之事举矣。尽美恶之极致,存乎巧者也,宰御之权由斯而出;尽是非之极致,存乎智者也,贤圣之德由斯而备。二者亦自然之符,精之以底于必然,天下之能举矣。(《原善》)

天下之事,使欲之得遂,情之得达,斯已矣。唯人之知,小之能尽美丑之极致,大之能尽是非之极致。然后遂己之欲者,广之能遂人之欲;达己之情者,广之能达人之情。道德之盛,使人之欲无不遂,人之情无不达,斯已矣。欲之失为私,私则贪邪随之矣;情之失为偏,偏则乖戾随之矣;知之失为蔽,蔽则差谬随之矣。不私则其欲皆仁也,皆礼义也;不偏则其情必和易而平恕也;不蔽则其知乃所谓聪明圣智也。(《孟子字义疏证》)

欲乃生养之本,情乃感通之原。理想不在绝情去欲,而在于由欲情而求其无失无憾。欲而不私,遂己之欲亦遂人之欲;情而不偏,达己之情亦达人之情;便是道德。所以能达情遂欲者,在于知。知而不蔽,即是智巧。由巧乃能尽美恶之极致,由智乃能尽是非之极致。

理学家与心学家,多喜讲"为欲所蔽",东原则谓欲与蔽并无关系。他说:

理学家与心学家,多喜讲"为欲所蔽",东原则谓欲与蔽并无关系。

凡出于欲,无非以生以养之事;欲之失为私不为蔽。自以为得理,而所执之实谬,乃蔽而不明。天下古今之人,其大患私与蔽二端而已;私生于欲之失,蔽生于知之失。……圣人治天下,体民之情,遂民之欲,而王道备。(同上)

欲之失是私,知之失方是蔽。至治在于去私,不在于去欲。

东原以为欲而不私便是仁,知而无蔽便是智。他说:

人之有欲也,通天下之欲,仁也。人之有觉也,通天下之德,智也。恶私之害仁,恶蔽之害智;不私不蔽,则心之精爽,是为神明。(《原善》)

仁,析言之,则包含义与礼。东原说:

仁者,生生之德也。"民之质矣,日用饮食",无非人道。所以生生者,一人遂其生,推之而与天下共遂其生,仁也。言仁可以赅义;使亲爱长养不协于正大之情,则义有未尽,亦即为仁有未至。言仁可以赅礼;使无亲疏上下之辨,则礼失而仁亦未为得。且言义可以赅礼，言礼可以赅义。先王之礼教，无非正大之情；君子之精义也，断乎亲疏上下，不爽几微。而举义举礼可以赅仁，又无疑也。（《孟子字义疏证》）

仁与义礼是互赅的。东原以仁、礼、义三者为基本的善，他说：

善曰仁，曰礼，曰义。斯三者天下之大衡也。上之见乎天道，是谓顺；实之昭为明德，是谓信；循之而得其分理，是谓常。（《原善》）

仁、礼、义，是天下之大衡。

仁、礼、义，是天下之大衡。衡即标准之意。东原以为此三者，"上之见乎天道"，即认为此三者不仅是人之理，而实有其宇宙的根据。他更详说之云：

自人道溯之天道，自人之德行溯之天德；则气化流行，生生不息，仁也。由其生生有自然之条理。观于条理之秩然有序，可以知礼矣；观于条理之截然不可乱，可以知义矣。在天为气化之生生，在人为其生生之心，是乃仁之为德也；在天为气化推行之条理，在人为其心知之通乎条理而不紊，是乃智之为德也。（《孟子字义疏证》）

仁根于天道之生生，义礼与智皆根于天道之条理。这是东原的天人相通论。

仁根于天道之生生，义礼与智皆根于天道之条理。这是东原的天人相通论。

东原的人生论，在本质上是一种有为哲学，故甚反对无为。他尝说：

天下必无舍生养之道而得存者。凡事为皆有于欲，无欲则无为矣。有欲而后有为，有为而归于至当不可易之谓理。无欲无为，又焉有理？老庄释氏主于无欲无为，故不言理；圣人务在有

欲有为之咸得理。是故君子亦无私而已矣,不贵无欲。(同上)

无欲无为,则无所谓理;有欲有为,然后可以得理。“有为而归于至当不可易”,是东原人生论之宗旨。

东原亦讲所谓人道。他所谓人道,是“人伦日用,身之所行”之意,换言之,即人类日日生活的历程之意,故“居处,饮食,言动,自身而周于身之所亲,无不该焉”(《孟子字义疏证》)。此所谓人道,实与古代儒家所谓人道的意义不相合。

东原的达情遂欲论,实由颜李的践形思想而来。东原人生论之真实贡献,在于阐明自然与必然,情欲与理义之关系。不过东原对于欲之冲突的事实,没有充分注意,实乃一个缺陷。他的理想是“使人之欲无不遂,人之情无不达”,其实使人之一切欲无不遂,人之一切情无不达,乃是不可能的。东原在人生论上没有明白注重事物,但在宇宙论及方法论上,讲“理在事情”,“必就事物剖析至微而后理得”,极其注重事物。所以东原之学,亦可名为事学,与理学心学对待。事学或事物之学,从其宇宙学说来讲亦可称为气学。

自南宋至清代的哲学,主要有三大派,即理学、心学、气学或事学。

我们可以说,自南宋至清代的哲学,主要有三大派,即理学、心学、气学或事学。理学的人生理想是“与理为一”,心学的人生理想是“发明本心”,事学的人生理想则是“践形”。理学的特点在阐明知识与生活之关系;心学的特点在提出一个最简易的内心修养方法;事学的特点则在启导一种活泼充实的生活。就中实以事学的人生理想最合乎人类生活之本质。心学注重神秘经验,理学不甚讲神秘,事学则更完全没有神秘的成分了。

理学的人生理想是“与理为一”,心学的人生理想是“发明本心”,事学的人生理想则是“践形”。

第八课

义与利

义与利，是中国哲学中一个大问题。儒家尚义，以为做事只需问此行为应当做与不应当做，而不必顾虑个人的利害。墨家则以为一切行为，应以求人民之大利为目的。墨家虽最重利，然并非不讲义，而且强调贵义，不过认为义利是一致的。儒家则认为义利相反。所以义与利的争论，实乃利与反利的争论。

兹先对于义利二观念的含义，及儒墨两家之根本态度，略加诠说。义即当然，亦即行为的裁制。然义之标准何在？何者为应当，何者为不应当？关于此点，有对立的两说。一说认为应当之标准即人民之大利或人群之公利。凡有利于大多数人民之行为，即应当的；反之即不应当的。此即墨家之学说。一说认为应当之标准在于人之所以为人者，即人之所以异于禽兽者。凡表现或发挥人之所以为人者的行为，即应当的；反之即不应当的。此是儒家学说。所谓利，即是能维持或增进人之生活者，亦即能满足人之生活需要者。然利有公利与私利的区别。凡仅能满足一人之生活需要，或且损害人群之生活者，谓之私利。凡能满足大众之生活需要的，则谓之公利。墨家所谓利，概指公利。而儒家所反对之利，则概指私利。儒家并不反对公利，然而亦不讲公利，其所注重，乃在发挥人之所以为人者。

义即当然，亦即行为的裁制。

所谓利，即是能维持或增进人之生活者，亦即能满足人之生活需要者。

义的观念，大概萌芽于孔子之前，到孔子乃确立为一个重要的观念。孔子说：

义的观念，到孔子乃确立为一个重要的观念。

> 君子义以为质，礼以行之，孙以出之，信以成之，君子哉！（《论语·卫灵公》）

《论语》又云：

> 子路曰：君子尚勇乎？子曰：君子义以为上。君子有勇而无义为乱，小人有勇而无义为盗。（《阳货》）

义乃立身之本，是行为之最高标准。

义乃立身之本，是行为之最高标准。凡事合于义则作，不合于义则不作。

孔子一生活动，皆为求合于义，所以子路说：

> 君子之仕也，行其义也；道之不行，已知之矣。（《微子》）

已知道之难行，但为义仍不得不奔走周游。

已知道之难行，但为义仍不得不奔走周游。

孔子又以义与利相对照，他说：

> 君子喻于义，小人喻于利。（《里仁》）

孔子又尝说：

> 放于利而行，多怨。（同上）

所谓利，皆指私利。《论语》又云：

> 子罕言利。（《子罕》）

此利字似不专指私利。孔子很少说利，盖孔子一生做事，不问某事之有利无利，只问其合义不合义。合于义的行为也许即是有利的，但儒家并不注意其究竟有利与否，而只注意其合义与否。

孟子尚义反利，比孔子更甚。

孟子尚义反利，比孔子更甚。孟子以为一切行动唯需以义为准绳，更不必顾虑其他。孟子尝说：

> 大人者，言不必信，行不必果，唯义所在。（《离娄》）

言行唯以合义为归;信果而不合义,亦是不对的。他又说:

> 非礼之礼,非义之义,大人弗为。(同上)

言必信行必果而不合义,便是非义之义。孟子又说过:

> 朝不信道,工不信度,君子犯义,小人犯刑,国之所存者幸也。(同上)

义是个人自己对于自己之裁制, 刑是社会国家对于一人之裁制。道度义刑,都是规律准则的意思。

义是个人自己对于自己之裁制, 刑是社会国家对于一人之裁制。

《孟子》书又云:

> 孟子见梁惠王,王曰:叟,不远千里而来,亦将有以利吾国乎?孟子对曰:王何必曰利?亦有仁义而已矣!王曰何以利吾国,大夫曰何以利吾家,士庶人曰何以利吾身,上下交征利,而国危矣。万乘之国,弑其君者,必千乘之家;千乘之国,弑其君者,必百乘之家。万取千焉,千取百焉,不为不多矣,苟为后义而先利,不夺不餍。未有仁而遗其亲者也,未有义而后其君者也。(《梁惠王》)

孟子认为如专讲利,则必会引起危乱,因为利本身是矛盾的。而义则是谐和的。如"后义而先利",将利看作最重要的,则此人之利与彼人之利相冲突,大夫之利与国君之利相冲突,结果非至于争杀篡夺不止。如讲义,则彼此相融合,相济而互益了。

孟子认为如专讲利,则必会引起危乱,因为利本身是矛盾的。

然而我们如何能辨别义与不义?如何能知何为应当,何为不应当?孟子以为人生来即有辨别义与非义之能力,此乃良知良能。人之良知良能,乃人之所以为人者。我们必须扩充此良知良能,不然便不孟子极注重“义内”，认为是非之心乃是人所固有的。

是人，而是禽兽了。孟子极注重“义内”，认为是非之心乃是人所固有的。

荀子亦极重视义利之辨。

荀子亦极重视义利之辨，他说：

> 为事利，争货财，唯利之见，是贾盗之勇也。义之所在，不倾于权，不顾其利，重死而持义不挠，是士君子之勇也。(《荣辱》)
>
> 不学问，无正义，以富利为隆，是俗人者也。(《儒效》)
>
> 唯利所在，无所不倾，若是则可谓小人矣。(《不苟》)

君子是虽死而持义不挠的，重利而忘义便是小人俗人。不过荀子并不完全排斥利，他说：

> 好利恶害，是君子小人之所同也；若其所以求之之道则异矣。(《荣辱》)
>
> 义与利者，人之所两有也，虽尧舜不能去民之欲利，然而能使其欲利不克其好义也。……故义胜利为治世，利克义者乱世。(《大略》)

人未有不好利者，义与利乃人之所两有。人欲利之心实不能完全去掉，但需使此欲利之心不胜过好义的倾向。荀子对于义利问题的真实主张，是以义胜利、勿以利克义。他又说：

> 先义而后正义，以富利为隆，是俗人者也。(《儒效》)
>
> 不能以义制利，不能以伪饰性，则兼以为民。(《正论》)
>
> 国者巨用之则大，小用之则小。巨用之者，先义而后利；小用之者，先利而后义。(《王霸》)

荀子是主张先义后利，以义制利。人不能完全去利存义，但需以义为主。

墨子的态度，正与儒家对立。他极重视利，而亦注重义。他以为义与利非相反对，而是统一的。利即是义。我们从何辨别一行为之义与不义？墨子以为，唯一的根据，即在于此行为之利与不利。有利便是应当，无利便是不应当。除了看行为之利与不利外，更无别的标准以判别行为之义与不义。墨子极贵义，他尝说："天下莫贵于义。"(《贵义》)又说：

墨子极重视利，而亦注重义。

> 义者正也。何以知义之为正也？天下有义则治，无义则乱。我以此知义之为正也。(《天志下》)

墨子讲义何以为正，亦从效果来说。有义则治，无义则乱，故义为正；换言之，便是，义有利于天下，所以为正。可见墨子思想的根本出发点，实在于利。

义有利于天下，所以为正。

墨子更以人民之利为一切言行之最后标准。墨子讲"言有三表"，即理论有三个标准。在"三表"中，最重要的乃是第三："发以为刑政，观其中国家百姓人民之利。"(《非命上》)国家百姓人民之利，乃墨子立论之最后根据。

《墨子》书中言利，都是说"人民之大利"，"民之利"，"天下之利"，"国家百姓之利"。墨子所谓利，乃指公利而非私利，不是一个人的利，而是最大多数人的利。儒家说利，则常指私利；而常认为私与利不可分。故儒家与墨家，虽一反利一重利，而其所谓利，实非全然一事。不过儒墨二家之根本态度不同，儒家固鄙视个人之私利，而亦不讲论人民之大利。

《墨经》及《大取篇》之中，亦有论义利的话。《墨经上》云：

> 义，利也。

《经说上》云：

义，志以天下为芬，而能能利之，不必用。

义即是利。此利亦是公利，故云以天下为分。

义即是利。此利亦是公利，故云以天下为分。《大取篇》亦云：“义利，不义害。”与此意同。

《墨经》更以利来界说忠孝诸德，《经上》云：

忠，以为利而强低也。（邓高镜《墨经新释》云：臣之事君，为利天下，非为一人，故强自卑屈。）

孝，利亲也。

忠乃所以利天下，孝即利亲。

利是墨家之一个根本观念，但墨子对于利尚无解释；至《墨经》乃有所解释。

利是墨家之一个根本观念，但墨子对于利尚无解释；至《墨经》乃有所解释。《经上》云：

利，所得而喜也。

害，所得而恶也。

此从人之自然倾向界说利与害；人之所喜便是利，所恶便是害。

利害常不是简单的，有时看似利，而其实是大害之媒介；有时看似害，而其实是大利之引导。墨家主张牺牲小利以得大利。《大取篇》云：

断指以存腕，利之中取大，害之中取小也。害之中取小也，非取害也，取利也。其所取者，人之所执也。遇盗人而断指以免身，利也，其遇盗人，害也。……利之中取大，非不得已也；害之中取小，不得已也。所未有而取焉，是利之中取大也；于所即有而弃焉，是害之中取小也。

在不得已的情形中，只有取小害以免大害；虽然有所牺牲，然终属有利。

道家的态度，与儒墨都不同。道家既鄙视利，亦非薄义。义与利，同为道家所摈斥。道家的理想人格是“死生无变于已，而况利害之端乎”，于利害无所容心，而“不就利，不违害”。同时，更不分别义与不义，“仁义之端，是非之涂，樊然殽乱，吾恶能知其辨”？以“忘年忘义”为究竟。（所引皆《庄子·齐物论》中语）道家的态度甚为鲜明，但讲得却不多。可以说，义利问题，在道家本不成问题。道家崇尚自然，而义利皆属人为，同当排弃。

道家既鄙视利，亦非薄义。

道家的理想人格是“死生无变于已，而况利害之端乎”。

周秦之际儒家所作之《大学》，宗述孟荀，亦尚义而薄利。《大学》云：

> 长国家所务财用者，必自小人矣。……小人之使为国家，灾害并至，虽有善者，亦无如之何矣！此谓国不以利为利，以义为利也。

《大学》所反对之利，亦指私利。为国不应求私利；如求私利，必至于灾害并至。唯舍利而遵义，然后可得大利而无患。

《大学》所反对之利，亦指私利。

汉代董仲舒亦论义利，以为义重于利。董子说：

> 天之生人也，使人生义与利：利以养其体，义以养其心。心不得义不能乐，体不得利不能安。义者心之养也，利者体之养也。体莫贵于心，故养莫重于义。义之养生人，大于利。……夫人有义者，虽贫能自乐也；而大无义者，虽富莫能自存。吾以此实义之养生人大于利而厚于财也。民不能知而常反之，皆忘义而殉利，去理而走邪，以贼其身而祸其家。此非其自为计不忠也，则其知之所不能明也。（《春秋繁露·身之养莫重于义》）

义乃所以养心，利乃所以养身。心贵于身，故义大于利。且舍利取义，虽贫而能乐；忘义殉利，虽富必罹于患，故当尚义而轻利。此所谓利，指个人之利，即私利。

董子颇重公利，以“为天下兴利”为要务。

然董子颇重公利，以“为天下兴利”为要务。董子云：

> 天道积聚众精以为光，圣人积聚众善以为功。故日月之明，非一精之光也；圣人致太平，非一善之功也。……量势立权，因事制义。故圣人之为天下兴利也，其犹春气之生草也，各因其生小大而量其多少。其为天下除害也，若川渎之泻于海也，各顺其势倾侧而制于南北。故异孔而同归，殊施而钧德，其趣于兴利除害一也。是以兴利之要，在于致之，不在于多少；除害之要在于去之，不在南北。……不能致功，虽有贤名，不予之赏。……则百官勤职，争进其功。（《春秋繁露·考功名》）

圣人积聚众善以为功，此“善”即为天下兴利除害。

圣人积聚众善以为功，此“善”即为天下兴利除害。董子又以为人君应以“兼利”或“爱利天下”为意。他说：

> 古之圣人，见天意之厚于人也，故南面而君天下，必以兼利之。（《春秋繁露·诸侯》）
>
> 天常以爱利为意，以养长为事，春秋冬夏皆其用也。王者亦常以爱利天下为意，以安乐一世为事，好恶喜怒而备用也。……人主出此四者义则世治，不义则世乱。（《春秋繁露·王道通三》）

人君当以求天下之公利为目的，而好恶喜怒乃是达此目的之工具。“人主出此四者义则世治，不义则世乱”，其“出此四者”，如系“以爱利天下为意”，则谓之义；否则谓之不义。董子此所谓义，实以公利为标准。

《春秋繁露·对胶西王越大夫不得为仁篇》云：

仁人者，正其道不谋其利；修其理不急其功。

《汉书·董仲舒传》作对江都王问，其辞为：

夫仁者，正其谊不谋其利；明其道不计其功。

此二记载不同，必有一误。“不急其功”与“不计其功”，语意轻重相去甚远。据上所引，董子讲“圣人积聚众善以为功”，又谓“不能致功，虽有贤名，不予之赏。……则百官勤职，争进其功”。是董子未尝不重功。疑《春秋繁露》所载，乃董子原语；而《汉书》所记，乃经班固修润者。唯“不谋其利”一语，乃二书所同。此利乃指私利。要之，董子之意，乃重公利而轻私利。人当以“为天下兴利”为务，而不当谋个人或少数人之私利。“为天下兴利”，便是义，便是“心之养”。

“为天下兴利”，便是义，便是“心之养”。

《汉书》所记之二句，虽非董子原语，但对后来思想影响甚大。宋明儒者多奉为圭臬。（董子所以能获得宋儒之相当景仰，全由此二语。程明道云：“董仲舒曰：正其义不谋其利，明其道不计其功，此董子所以度越诸子。”）此二句简括地将孔孟关于义利的思想完全表出了。

晋代傅玄亦重公利而轻私利。傅氏云：

昔者圣人之崇仁也，将以兴天下之利也。利或不兴，须仁以济。天下有不得其所，若己推而委之于沟壑。（《傅子》）

利天下者，天下亦利之；害天下者，天下亦害之。利则利，害则害，无有幽深隐微，无不报也。仁人在位，常为天下所归者，无他也，善为天下兴利而已矣。（同上）

兴天下之利，便是仁。

兴天下之利，便是仁，傅氏又云：

> 丈夫重义如太山，轻利如鸿毛。可谓仁义也。（同上）

此利指私利。人当以兴天下之利为务，至于个人私利，则不必措意。

宋代道学中，有所谓义利之辨，以分别义利为修养之重要功夫之一。

宋代道学中，有所谓义利之辨，以分别义利为修养之重要功夫之一。道学家中，亦有重视义利之统一的。但多数道学家，专重义利之分别。邵子论义利之对待云：

> 天下将治，则人必尚义也；天下将乱，则人必尚利也。尚义则谦让之风行焉，尚利则攘夺之风行焉。（《皇极经世·观物内篇》）
>
> 君子喻于义，贤人也；小人喻于利而已。义利兼忘者，唯圣人能之。君子畏义而有所不为，小人直不畏耳。圣人则动不逾矩，何义之畏乎？（《皇极经世·观物外篇》）

此以人的尚义尚利为治乱之象征，而以义利兼忘为最高境界。邵子思想中道家的成分颇多，道家便是既不重利又不重义而以忘义忘利为理想的。

张子论义之重要云：

> 当生则生，当死则死；今日万钟，明日弃之；今日富贵，明日饥饥，亦不恤：惟义所在。（《语录》）

唯以义为准则，生死去就，在所不顾。

唯以义为准则，生死去就，在所不顾。张子又尝论义利关系云：

> 义公天下之利。（《正蒙·大易》）

利而不私，公天下之利，便是义。此说与墨家之学说颇相近。张子尝讲兼爱，又以公利为义，皆其兼综墨家思想之处。

程明道主严辨义利，他说：

> 大凡出义则入利，出利则入义。天下之事，唯义利而已。（《语录》十一）

义与利是相排斥的；非义即利，非利即义。人生行事，只在分别义利而已。明道所谓利专指私利，与张子不同。

人生行事，只在分别义利而已。

程伊川论义利，比较详密。伊川以公私为义利的分别。他说：

> 义与利，只是个公与私也。才出义，便以利言也。只那计较，便是为有利害；若无利害，何用计较？利害者，天下之常情也；人皆知趋利而避害，圣人则更不论利害，惟看义当为不当为，便是命在其中也。（《语录》十七）
>
> 不独财利之利，凡有利心便不可。如作一事，须寻自家稳便处，皆利心也。圣人以义为利，义安处便为利。（《语录》十六）

略存私意，便是利。利心即是计较之心；圣人只合求于义，更无计较。伊川谓"凡有利心，便不可"，可谓分辨义利极其谨严了，但他亦并不完全排斥利。他说：

> 阴为小人，利为不善，不可一概论。夫阴助阳以成物者，君子也；其害阳者，小人也。夫利，和义者善也；其害义者不善也。（《语录》十九）

在害义之利外，尚有和义之利，并非不善。伊川又说：

在害义之利外，尚有和义之利，并非不善。

> 理者天下之至公，利者众人所同欲。苟公其心，不失其正理，则与众同利；无侵于人，人亦欲与之。若切于好利，蔽于自

私，求自益以损于人，则人亦与之力争，故莫肯益之，而有击夺之者矣。（《程氏易传·益卦》）

“和义”之利，即“与众同利”之利，是“公其心”而“不失其正理”的；而非“蔽于自私，求自益以损于人”者，换言之，即是公利而不是私利。伊川又说：

君子未尝不欲利，然孟子言何必曰利者，盖只以利为心，则有害，如“上下交征利而国危”，便是有害。“未有仁而遗其亲，未有义而后其君”，不遗其亲不后其君便是利。仁义未尝不利。（《语录》十九）

所以反对利者，正以其有害；所以崇尚义者，正以其有利。利是众人所同欲，君子亦未尝不欲利，特以其有不利，故不重利而尚义。

伊川的根本意思，是主张公利而反对私利。

伊川关于义利的思想，可谓甚微细精湛。他的根本意思，是主张公利而反对私利。不过他没有明白说出公利私利的名称。他所说“才出义，便以利言”，其实在意思乃是才出义便以私言。

伊川之义利对立而统一的思想，与张子所说“义公天下之利”，意思亦可谓相近。

北宋儒者中，最重利者，为与邵康节同时之李泰伯觏。

北宋儒者中，最重利者，为与邵康节同时之李泰伯觏。李氏极反对贵义而贱利之态度。他说：

愚窃观儒者之论，鲜不贵义而贱利，其言非道德教化则不出诸口矣。然《洪范》八政，一曰食，二曰货。孔子曰：足食足兵，民信之矣。是则治国之实，必本于财用。……是故贤圣之君，经济之士，必先富其国焉。（《文集·富国策》）

利可言乎？曰：人非利不生，曷为不可言？欲可言乎？曰：

欲者人之情，曷为不可言？言而不以礼，是贪与淫，罪矣。不贪不淫，而曰不可言，无乃贼人之生，反人之情？世俗之不喜儒，以此。孟子谓何必曰利，激也。焉有仁义而不利者乎？（《文集·原文》）

利乃所以满足人之生活需要者。如完全漠视利，则人之生活需要将无以满足了。故利实不可以不讲，不过需以礼为准绳而已。

故利实不可以不讲，不过需以礼为准绳而已。

南宋初，胡五峰以为当谋公利而不当谋私利。胡氏云：

一身之利，无谋也；而利天下者则谋之。一时之利，无谋也，而利万世者则谋之。存斯志，行斯道，躬耕于野，上以奉祀事长，下以慈幼延交游于身，足矣。（《知言》）

中国哲人，多不鲜明釐别公利与私利。唯胡氏此说分辨公利私利，最为显豁。

中国哲人，多不鲜明釐别公利与私利。

朱子极重义利分别，尝谓：

义利之说，乃儒者第一义。（《与延平李先生书》）

又说：

将古今圣贤之言，剖析义利处，反复熟读，时时思省义理何自而来，利欲从何而有，二者于人，孰亲孰疏，孰轻孰重，必不得已，孰取孰舍，孰缓孰急。初看时，似无滋味，久之须自见得合剖判处，则自然放得下矣。（《答时子云》）

此所讲甚为亲切，但其要义不出《汉书》所记董子二语之范围。陆象山亦主严辨义利。他说：

凡欲为学，当先识义利公私之辨。今所学果为何事？人生天地间，为人自当尽人道，学者所以为学，学为人而已，非有为也。

(《语录》)

象山似以为义利之别即是公私之分;对于公利,未加注意。

朱陆都认为辨别义利是为学之根本;在此点上,两家态度全然一致。

朱陆都认为辨别义利是为学之根本;在此点上,两家态度全然一致。

与朱子、陆子同时的陈同甫亮、叶水心适,颇重功利,反对专讲义不讲利的态度。同甫强调事功的重要,不赞成二程关于"义利王霸"的辨析,主张兼重义利,但他并没有较详的理论。水心讲得较同甫为清楚,他说:

> 正谊不谋利,明道不计功,初看极好,细看全疏阔。古人以利与人,而不自居其功,故道义光明。既无功利,则道义乃无用之虚语耳。(《习学记言》)

道义乃见于功利中,谋利而不自私其利,计功而不自居其功,便是道义。如完全离开功利,则所谓道义只是空话而已。水心此所说实甚精切,惜无详尽的发挥。

清初王船山论义利,以为离义无利,其言殊警切。

清初王船山论义利,以为离义无利,其言殊警切。船山云:

> 立人之道曰义,生人之用曰利。出义入利,人道不立;出利入害,人用不生。智者知此者也。……利义之际,其为别也大;利害之际,其相因也微。夫孰知义之必利,而利之非可以利者乎?夫孰知利之必害,而害之不足以害者乎?诚知之也,而可不谓大智乎?……出乎义,入乎害,而两者之外,无有利也。《易》曰利物和义。义足以用,则利足以和。和也者合也,言离义而不得有利也。……智莫有大焉也,务义以远害而已矣。……制害者莫大乎义,而罹害者莫凶于利。……义之所自正,害之所自除,无他,远于利而

已矣。……细人乃颠倒昏瞀,自困于利之中,以亟逢其害,斯智者之所大哀也矣。……制以义,害不期远而远矣;违其害,害有所不能违矣。贪其利,则乐生人之祸而幸五行之灾也,害之府也。……远害而害不胜远,则莫若捐利而不贪。……智愚之分,义利之别;义利之分,利害之别。民之生死,国之祸福。岂有爽哉?(《尚书引义》二)

此所谓利,专指私利。人之私利是相冲突的,故求利必陷于害。唯循义而行,然后能远于害而无不利。违义必罹害,而世人乃欲违义以谋利,其不智殊可悯。船山此论,与伊川之说甚相近。

违义必罹害,而世人乃欲违义以谋利,其不智殊可悯。

兼重义利的思想,到颜习斋乃比较成熟。习斋说:

以义为利,圣贤平正道理也。尧舜利用,《尚书》明与正德厚生并为三事;利用安身,利用刑人,无不利,利者义之和也,《易》之言利更多。《孟子》极驳利字,恶夫掊剋聚敛者耳,其实义中之利,君子所贵也。后儒乃云正其谊不谋其利,过矣;宋人喜道之,以文其空疏无用之学。予尝矫其偏,改云:正其谊以谋其利,明其道而计其功。(《四书正误》)

义中之利,即合义之利,是不应反对的。"正其谊以谋其利,明其道而计其功",是习斋兼重道义功利的思想之简括程式,实足以与董子所说的二语对立。习斋《言行录》云:

问董子正谊明道二句,似即谋道不谋食之旨,先生不取,何也?曰:世有耕种而不谋收获者乎?世有荷网持钩而不计得鱼者乎?抑将恭而不望其不侮,宽而不计其得众乎?这不谋不计两不字,便是老无释空之根。惟吾夫子先难后获,先事后得,敬事后食,三后字无弊。盖正谊便谋利,明道便计功,是欲速,是助长;

全不谋利计功，是空寂，是腐儒。

做事自必计及功效利益；完全不谋利计功，便归于空寂了。只当分别先后，先义而后利，而不当完全菲薄功利。

关于义与利的思想，孔子、孟子、朱子等，尚义，别义与利为二。势力最大。

关于义与利的思想，可以说主要共分三派。孔子、孟子、朱子等，尚义，别义与利为二。墨子重利，合义与利为一。荀子、董子、张子、程伊川尚义，而不绝对排斥利，有兼重义利的倾向；而明确兼重义利的，是李泰伯、陈同甫、叶水心及颜习斋。在历史上，此三派中，以第一派势力最大。

第九课

命与非命

命，也是一个重要问题。孔子讲有命，以后儒家都主有命。道家接受了儒家的命论，更趋于极端。墨子则反对命，倡非命。

命的观念，起源颇早，至孔子乃予以新的意义。孔子在五十年的生活经验中，方体验出他所谓命来，他尝说：

命的观念，起源颇早，至孔子乃予以新的意义。

> 吾十有五而志于学，三十而立，四十而不惑，五十而知天命。（《论语·为政》）

孔子极重视命，故又说：

> 不知命，无以为君子也。（《尧曰》）

孔子所谓命，是何意谓？大致说来，可以说命乃指人力所无可奈何者。我们做一件事情，这件事情之成功或失败，即此事的最后结果如何，并非做此事之个人之力量所能决定，但也不是以任何个人或任何其他一件事情所能决定，而乃是环境一切因素之积聚的总和力量所使然。如成，既非完全由于我一个人的力量；如败，亦非因为我用力不到；只是我一个因素，不足以抗广远的众多因素之总力而已。做事者是个人，最后决定者却非任何个人。这是一件事实。儒家所谓命，可以说即由此种事实而导出的。这个最后的决定者，无以名之，

孔子所谓命，是何意谓？大致说来，可以说命乃指人力所无可奈何者。

命在消极方面，可以说是自然对于人为的限制。

命还有积极的方面，即一事的成功也是命。

孔子一生讲命，但也一生奔走不息，被隐者讥为“知其不可而为之者”。

名之曰命。命在消极方面，可以说是自然对于人为的限制。人事已尽，而还不得成功，便是命所使然。此一则非人力不到，二则又非环境中某一人或某一事所致。知命则既可不自悔自憾，又可不怨尤任何个人；如此便能保持快乐的态度，而不至于忧闷了。但命还有积极的方面，即一事的成功也是命。所以命也可作为一种鼓励。总而言之，可以说命是环境对于人为的裁断。

孔子一生讲命，但也一生奔走不息，被隐者讥为“知其不可而为之者”。更奇怪者是孔子“五十而知天命”，而孔子之从事政治活动，亦自五十岁起。所以在孔子，命不但可以自慰于事后，亦可以鼓勇于事前，使人不系念于结果的成败，而只知努力做去。从儒家的见地来讲，无人事则亦无天命可言。因为命是人力所无可奈何者；今如用力不尽，焉知其必为人力所无可奈何？焉知其非人力所可及而因致力未到所以未成？所以必尽人事而后可以言天命。命不可先知，必人力尽后，方能知命为如何。万种设法，仍无效果时，然后方能断定为命不容许。如自己先认为不能成功，即不努力，那便是自暴自弃了。

命是无可奈何的，故不可不畏。孔子说：

> 君子有三畏：畏天命，畏大人，畏圣人之言。（《季氏》）

孔子一生努力救世，但结果道不能行，孔子以命解之。他说：

> 道之将行也与？命也。道之将废也与？命也。公伯寮其如命何！（《宪问》）

知命则不咎责任何个人，所以不怪公伯寮。命有积极意味，所以道之将行也是命。

孔子以后，孟子也讲命。

孔子以后，孟子也讲命，孟子说：

莫之为而为者，天也。莫之致而致者，命也。（《万章》）

未尝致之而结果竟至如此者，便是命。命是在人事以外而非人力之所致者。孟子又说：

存其心，养其性，所以事天也。夭寿不贰，修身以俟之，所以立命也。（《尽心》）

心性乃所受于天，故存心养性乃所以事天。夭寿皆命，对之不存疑虑，唯修身以俟之，乃所以立命。立命即肯定自己的命运。孟子又说：

莫非命也，顺受其正。是故知命者，不立乎岩墙之下。尽其道而死者，正命也；桎梏死者，非正命也。（同上）

人之生死祸福，莫非由命，而又有正命非正命之分。如其死完全非人力所致，乃自然而然者，是正命；否则非正命。

荀子也讲有命，他尝为命立界说云：

荀子也讲有命。

节遇之谓命。（《正名》）

节遇犹言适遇，亦即莫之致而致之意。荀子又尝说：

楚王后车千乘，非知也；君子啜菽饮水，非愚也：是节然也。（《天论》）

节然即适然，即所谓命。但荀子对于命的态度，颇不同于孔子孟子。孔子讲畏天命，孟子讲顺受其正，荀子则讲制天命，他说：

荀子对于命的态度，颇不同于孔子孟子。

从天而颂之，孰与制天命而用之？望时而待之，孰与应时而使之？（《天论》）

命是有的，但人不应止于俟命，而当设法利用之，这是荀子独有的思想。

他主张制裁天命而利用之。命是有的，但人不应止于俟命，而当设法利用之，这是荀子独有的思想。

《易传》中也颇讲命，《象传》云：

> 火在天上大有，君子以遏恶扬善，顺天休命。
>
> 泽无水困，君子以致命遂志。

《系辞传》云：

> 乐天知命故不忧。

《说卦传》云：

> 穷理尽性以至于命。

其所谓命，亦即孔子、孟子所谓命之意义，其对于命的态度亦与孔孟相同。

道家讲命，比儒家更甚。

道家讲命，比儒家更甚。儒家虽讲命，而仍不废人事，实以尽人事为基本；道家则不谈人事，专言天命。道家所谓命，也是人力所不能及，人力所不可奈何的意思。庄子设为寓言云：

> 子舆与子桑友，而霖雨十日。子舆曰：子桑殆病矣！裹饭而往食之。至子桑之门，则若歌若哭，鼓琴曰：父邪母邪？天乎人乎？有不任其声，而趋举其诗焉。子舆入曰：子之歌诗，何故若是？曰：吾思乎使我至此极者而弗得也！父母岂欲吾贫哉？天无私覆，地无私载，天地岂私贫我哉？其求为之者而不得也。然而至此极者，命也夫！（《大宗师》）

求其为之者而不得，乃不得不说“命也夫”了。命便是没有特殊原因可说的。庄子又说：

知其不可奈何而安之若命,德之至也。(《人间世》)

知不可奈何而安之若命,唯有德者能之。(《德充符》)

到无可奈何的时候,只当安之若命。"安之若命"的"若"字最有意义,不过假定为命而已。

庄子亦以为知命则可不顾虑成败祸福,乃能坦然夷然,而穷达得失之念不往来于胸中。他说:

庄子亦以为知命则可不顾虑成败祸福,乃能坦然夷然,而穷达得失之念不往来于胸中。

死生存亡,穷达贫富,贤与不肖,毁誉,饥渴寒暑,是事之变,命之行也,日夜相代乎前,而知不能规乎其始者也,故不足以滑和,不可入于灵府。(《德充符》)

庄子又以命与义为天下之大戒:

天下有大戒二:其一命也,其一义也。子之爱亲,命也,不可解于心;臣之事君,义也,无适而非君也,无所逃于天地之间,是之谓大戒。(《人间世》)

命与义都是必然而不可易的。这一段话是儒家的观点。

命与义都是必然而不可易的。这一段话是儒家的观点。

命的假定性,在《庄子·外篇》更表示得清楚。《外篇》云:

莫知其所终,若之何以无命也?莫知其所始,若之何其有命也?(《寓言》)

任何事的结果都非人力所决定,不得不言有命;但推本原始,命又是如何而有的?儒家言天命,似乎命由于天,但天亦非究竟,命到底由何而来?命的有无,实难确定;实际上不过是对于不能解释的事情姑说为命而已。

《庄子·外篇》亦认为知命则不惧,如说:

知穷之有命，知通之有时，临大难而不惧，圣人之勇也。（《秋水》）

知命不惧，此乃大勇。

知命不惧,此乃大勇。儒道二家所谓命,意义可以说颇相同,而态度则有不同。儒家甚注重人为;道家则根本不赞成人为,而讲任天安命。《庄子·外篇》又说:

达命之情者,不务知之所无可奈何。(《达生》)

孔子的"知其不可而为之"的态度,道家是不能同意的。"知不可奈何而安之若命",虽然不过是"若命",却必须"安之"。道家虽然说过"莫知其所始,若之何其有命也",却十分注重命。《庄子·外篇》又云:

达大命者随。(《列御寇》)

随而已矣,更不必努力作为。这是道家的态度。

墨子反对命，认为信命必至于废事。

墨子反对命,认为信命必至于废事。人本来即有惰性,好吃而懒做,不肯辛苦努力,信命便更不肯勤作了。命只是懒人替自己解嘲的一种说法,其实有害于人,不可不加以反对。于是墨子讲"非命",而注重人力。《墨子》书云:

执有命者之言曰:命富则富,命贫则贫;命众则众,命寡则寡;命治则治,命乱则乱;命寿则寿,命夭则夭。……以此为君则不义,为臣则不忠,为父则不慈,为子则不孝,为兄则不良,为弟则不悌。而强执此者,此特凶言之自生,而暴人之道也。然则何以知命之为暴人之道?昔上世之穷民,贪于饮食,惰于从事,是以衣食之财不足,而饥寒冻馁之忧至;不知曰我罢不肖,从事不疾,必曰我命固且贫。昔上世暴王,不忍其耳目之淫,心涂之辟,

不顺其亲戚，遂以亡失国家，倾覆社稷，不知曰我罢不肖，为政不善，必曰吾命固失之。（《非命上》）

信命则必不肯努力前进，必至于全无道德。命只是暴人之道。《庄子》寓言中的子桑，实在即是“不知曰我罢不肖，从事不疾，必曰我命固且贫”。许多执有命者所谓无可奈何，实际并不是真的无可奈何。《墨子》书又云：

信命则必不肯努力前进，必至于全无道德。

昔桀之所乱，汤治之；纣之所乱，武王治之。当此之时，世不渝，而民不易；上变政，而民改俗。存乎桀纣而天下乱，存乎汤武则天下治。天下之治也，汤武之力也；天下之乱也，桀纣之罪也。若以此观之，夫安危治乱，存乎上之为政也，则夫岂可谓有命哉？故昔者禹汤文武方为政乎天下之时，曰必使饥者得食，寒者得衣，劳者得息，乱者得治，遂得光誉令闻于天下，夫岂可以为命哉？故以为其力也。今贤良之人，尊贤而好道术，故上得其王公大人之赏，下得其万民之誉，遂得光誉令闻于天下，亦岂以为其命哉？又以为其力也。（《非命下》）

国之安危治乱，人之贤与不肖，皆系于人力，并非由于命。努力从事则得良好结果，不努力从事则得不良结果，并无所谓命。《墨子》书又说：

努力从事则得良好结果，不努力从事则得不良结果，并无所谓命。

今虽毋在乎王公大人蕢若信有命而致行之，则必怠乎听狱治政矣，卿大夫必怠乎治官府矣，农夫必怠乎耕稼树艺矣，妇人必怠乎纺织绩纴矣。王公大人怠乎听狱治政，卿大夫怠乎治官府，则我以为天下必乱矣！农夫怠乎耕稼树艺，妇人怠乎纺织绩纴，则我以为天下衣食之财将必不足矣！（《非命下》）

如信有命，必怠于从事。为政者怠于治理，在下者怠于耕织，则天下必乱而财用不足了。所以墨子认为“执有命者之言”是“天下之大害”，而“不可不非”。

墨家所非之命，是完全前定之命。

墨家所非之命，是完全前定之命。一切结果皆已前定，完全与人事无关；如命富则虽不努力亦必富，如命贫则虽强从事亦必贫。所以如信此所谓命，必至于废弃人事。但此所谓命，实不即是儒家所谓命。儒家所谓命，实以尽人事为条件；人事已尽，更不容强，方可谓之命。故信儒家所谓命，并不至于怠于从事。不过由墨家的见地，儒家所说不废人事的命，实亦不能承认。儒家遇人力所无可奈何者，便归之于命；墨家则认为人力所无可奈何者，只是力不足，更不必说命。

墨家所非之命，可以说是原始意义的命，即世俗所谓命；而儒家所谓命，则是就其原始意义而加以修正的。哲学家中，亦有主张墨家所非之命者，即是王充。墨家信天鬼，认天鬼能赏善罚恶，故不得不讲非命，因如有命则天鬼便不能发生作用了。反之，王充否认天帝鬼神之存在，不承认福善祸淫的信仰，以为因果报应只是迷信，可是却又讲命，认为一切都是前定，行善未必得福，作恶未必得祸。于是王充反驳了一个迷信，又保持了另一个迷信。王氏说：

王充否认天帝鬼神之存在，不承认福善祸淫的信仰，以为因果报应只是迷信，可是却又讲命，认为一切都是前定，行善未必得福，作恶未必得祸。

> 凡人遇偶及遭累害，皆由命也。有死生寿夭之命，亦有贵贱贫富之命。自王公逮庶人，圣贤及下愚，凡有首目之类，含血之属，莫不有命。……故夫富贵若有神助，贫贱若有鬼祸；命贵之人，俱学独达，并仕独迁；命富之人，俱求独得，并为独成。贫贱反此。……是故才高行厚，未必保其必富贵；智寡德薄，未可信其必贫贱。（《论衡·命禄》）

生死寿夭，贵贱贫富，皆由命定，非关人事。他又说：

凡人受命，在父母施气之时，已得吉凶矣。夫性与命异，或性善而命凶，或性恶而命吉。……性自有善恶，命自有吉凶。使命吉之人，虽不行善，未必无福；命凶之人，虽勉操行，未必无祸。（《论衡·命义》）

命在生前已定，与性情行为无关，有人行善而得祸，亦有人行恶而得福。

王充又分命为二，他说：

凡人禀命有二品，一曰所当触值之命，二曰强弱寿夭之命。所当触值，谓兵烧压溺也。强寿弱夭，谓禀气渥薄也。（《论衡·气寿》）

命有二，一为遭逢之命，一为生死之命。

王充所谓命，实有广狭二义。上引“凡人遇偶及遭累害，皆由命也”，及“禀命有二品”，系广义之命，涵括遭遇等在内。王氏又云：

王充所谓命，实有广狭二义。

人有命，有禄，有遭遇，有幸偶。命者贫富贵贱也。禄者盛衰兴废也。以命当富贵，遭当盛之禄，常安不危；以命当贫贱，遇当衰之禄，则祸殃乃至，常苦不乐。遭者遭逢非常之变。若成汤囚夏台，文王厄羑里矣。以圣明之德而有囚厄之变，可谓遭矣。变虽甚大，命善禄盛，变不为害，故称遭逢之祸。……历阳之都，长平之坑，其中必有命善禄盛之人，一宿同填而死。遭逢之祸大，命善禄盛不能却也。譬犹水火相更也，水盛胜火，火盛胜水。……幸者谓所遭触得善恶也。获罪得脱，幸也；无罪见拘，不幸也，执拘未久，蒙令得出，命善禄盛，天灾之祸，不能伤也。偶者谓事君也。以道事君，君善其言，遂用其身，偶也；行与主乖，退而远，不偶

也。退远未久，上官禄召，命善禄盛，不偶之害，不能留也。故夫遭遇幸偶，或与命禄并，或与命禄离。（同上）

此所谓命，是狭义之命。

此所谓命，是狭义之命。所谓禄遭遇幸偶等，皆在命之外，而或与命合，或与命违。如与命违，此盛则胜彼，彼盛则胜此。此所谓偶，乃相合之意，非偶然之意。

墨子谓国之安危治乱皆由人事非由有命；王充则谓国之安危治乱非关人事皆由命定，于是讲所谓“国命”，以为“国命胜人命”（《论衡·命义》），如国运已衰，则虽有“禄盛未当衰之人”，亦必遭灾。他又说：

民治与乱，皆有命焉。……国之安危，皆有命时，非人力也。……故世治非贤圣之功，衰乱非无道之致。国当衰乱，贤圣不能盛；时当治，恶人不能乱。世之治乱，在时不在政；国之安危，在数不在教。（《论衡·治期》）

王充的学说，可谓与墨子正相反。

王充的学说，可谓与墨子正相反。

汉儒有三命之说，王充尝述之云：

《传》曰：说命有三：一曰正命，二曰随命，三曰遭命。正命，谓本禀之自得吉也。……随命者，戮力操行而吉福至，纵情施欲而凶祸到。……遭命者，行善得恶，非所冀望，逢遭于外而得凶祸。（《论衡·命义》）

命有三：生禀吉福为正命，行为善恶各得其报为随命，行善而逢祸为遭命。王充不赞成此说，谓：“言随命则无遭命，言遭命则无随命。儒家三命之说，竟何所定？”（同上）然儒者讲三命者颇多，而所说三命之名称与意义，亦不完全一致。《白虎通义》记载后汉初诸儒之说云：

命者何谓也？人之寿也，天命已使生者也。命有三科，以记验。有寿命，以保度；有遭命，以遇暴；有随命，以应行。寿命者，上命也，若言文王受命唯中，身享国五十年。随命者，随行为命，若言怠弃三正，天用剿绝其命矣。……遭命者，逢世残贼，若上逢乱君，下必灾变暴至，夭绝人命，沙鹿崩水袭邑是也。（《寿命》）

此谓命有三科，即寿命，遭命，随命。赵岐《孟子章句》云：

此谓命有三科，即寿命，遭命，随命。

命有三名，行善得善曰受命，行善得恶曰遭命，行恶得恶曰随命。唯顺受命为受其正也已。（《尽心》）

此所说较与《白虎通义》相近。言三命者，以此为最明晰。人或行善而得福，或行善而得祸，或行恶而得祸，故命分三等。至于人行恶虽或一时得福，然终必受祸，故无行恶得福之命。

至于人行恶虽或一时得福，然终必受祸，故无行恶得福之命。

荀悦论命云：

所以立生终生者，之谓命也，吉凶是也。夫生我之制，性命存焉尔。君子循其性以辅其命。休斯承，否斯守。无务焉，无怨焉。好宠者乘天命以骄，好恶者违天命以滥。故骄则奉之不成，滥则守之不终。好以取怠，恶以取甚；务以取福，怨以成祸，斯惑矣。（《申鉴·杂言下》）

此以为对于命应持之态度为“辅其命”。如命佳则承而受之，而无务无骄；如命不佳则谨慎自守，而无怨无滥。

宋代思想家中，张子讲义命合一，又分命与遇为二。张子说：

义命合一存乎理。(《正蒙·诚明》)

义是当然之理,命是自然之理。

义是当然之理,命是自然之理。当然与自然有其统一。张子又说:

天所命者,通极于性;遇之吉凶,不足以戕之。……性通乎气之外,命行乎气之内。气无内外,假有形而言耳。故思知人不可不知天,尽其性然后能至于命。(同上)

命禀同于性,遇乃适然焉。……行同报异,犹难语命,可以言遇。(《正蒙·乾称》)

行善则得吉,行恶则得凶,此乃自然之常则。

张子之意,以常然者为命,以偶然者为遇。命是自然之常则,与性相通。人性具于形体,而原出于天;命是所受于天的,而贯于形体之中。行善则得吉,行恶则得凶,此乃自然之常则。而行善或得凶,行恶或得吉,此乃是偶然。张子此说,即专以汉儒所谓受命与随命为命,而以汉儒所谓遭命为遇。张子又说:

命其受,有则也。……尽性穷理而不可变,乃吾则也。天所自不能已者谓命。(《正蒙·诚明》)

穷理尽性,则性天德,命天理。气之不可变者,独死生修夭而已。故论死生则曰有命,以言其气也。语富贵则曰在天,以言其理也。此大德所以必受命,易简理得,而成位乎天地之中也。所谓天理也者,能悦诸心,能通天下之志之理也。能使天下悦且通,则天下必归焉。不归焉者,所乘所遇之不同,如仲尼与继世之君也。舜禹有天下而不与焉者,正谓天理驯致,非气禀当然,非志意所与也。(同上)

命即自然而不可变不能已之常则,亦即天理。以天理而言,行善则吉，行恶则凶。富贵贫贱乃缘于其行之善恶。唯生死寿夭，与行之善恶无关，而由于形体气禀之强弱，是不可由品行而变易的。有德则有位，如舜禹修德而有天下，此是命。然孔子有德而无位，继世之君有位而无德，此则偶然，乃是遇。

张子分别命与遇为二，实与古代儒家之学说不合，而可谓关于命之一种新说。

张子分别命与遇为二，实与古代儒家之学说不合，而可谓关于命之一种新说。

二程论命，甚为精辟，其要旨亦可谓近于张子所谓义命合一，然而反对张子分命与遇为二之说。程明道云：

二程论命，甚为精辟，其要旨亦可谓近于张子所谓义命合一，然而反对张子分命与遇为二之说。

> 乐天知命，通上下之言也。圣人乐天，则不须言知命。知命者，知有命而信之者尔。不知命无以为君子是矣。命者所以辅义，一循于义，则何庸断之以命哉？若夫圣人之知天命，则异于此。（《语录》十一）
>
> 儒者只合言人事，不合言有数。直到不得已处，然后归之于命可也。（《外书五》）

义是主，命是辅。平时只当言人事之当然，不必谈命；到不得已时，然后方可归之于命。

程伊川所说，与明道意思相同，然更明晰确切。伊川说：

> 贤者唯知义而已，命在其中。中人以下，乃以命处义。如言“求之有道，得之有命，是求无益于得”，知命之不可求，故自处以不求。若贤者则求之以道，得之以义，不必言命。（《语录》二上）

朱子尝云：“程子言义不言命之说，有功于学者，亦前圣所未发之一端。”二程对于命的态度实与孔孟不尽同，孔孟本已甚注重人事了，二程乃更注重人事，以为“不须言知命”，“不必言命”，唯以义为主，这是一种颇新见解。伊川又说：

> 君子当困穷之时，既尽其防虑之道而不得免，则命也，当推致其命以遂其志，知命之当然也。则穷塞祸患，不以动其心，行吾义而已。苟不知命，则恐惧于险难，陨获于穷厄，所守亡矣，安能遂其为善之志乎？（《程氏易传·困卦》）

此即“到不得已处，然后归之于命”。如此乃能安于行义，而不因穷塞动心，故“命者所以辅义”。伊川又说：

> 人之于患难，只有一个处置，尽人谋之后，却须泰然处之。有人遇一事，则心念念不肯舍，毕竟何益！若不会处置了放下，便是无义无命也。（《语录》二上）

当患难时，人事已尽，便泰然处之，此是行义，亦是致命。

当患难时，人事已尽，便泰然处之，此是行义，亦是致命。不能如此，便是既无义，亦无命。

张子分命与遇为二，伊川以为不然。《语录》云：

> 问命与遇何也？先生曰：人遇不遇，即是命也。曰：长平之战，四十万人死，岂命一乎？曰：是亦命也。只遇著白起，便是命当如此。又况赵卒皆一国之人。使是五湖四海之人，同时而死，亦是常事。又问：或当刑而王，或为相而饿死，或先贵后贱，或先贱后贵。此之类皆命乎？曰：莫非命也。既曰命，便是不同，不足怪也。

行同报异，或行异报同，莫非是命。

行同报异，或行异报同，莫非是命。

朱子虽甚赞扬程子言义不言命之说。但他自己讲命，却甚与王充相近，他以为生死寿夭贵贱贫富皆由于气禀。朱子说：

有人禀得气厚者则福厚，气薄者则福薄；禀得气之英华者则富盛，衰飒者则卑贱；气长者则寿，气短者则夭折。此必然之理。（《语类》四）

禀得精英之气，便为圣为贤，便是得理之全，得理之正。禀得清明者，便英爽；禀得敦厚者，便温和，禀得清高者，便贵；禀得丰厚者，便富；禀得久长者，便寿；禀得衰颓薄浊者，便为愚不肖，为贫为贱为夭。天有那气，生一个人出来，便有许多物随他来。（同上）

人与人生活际遇之不同，生来即已决定。《语类》四又云：

问得清明之气为圣贤，昏浊之气为愚不肖，气之厚者为富贵，薄者为贫贱，此固然也。然圣人得天地清明中和之气，宜无所亏欠，而夫子反贫贱，何也？岂时运使然耶？抑其所禀亦有不足耶？曰：便是禀得来有不足。他那清明，也只管得做圣贤，却管不得那富贵。禀得那高底则贵，禀得厚底则富，禀得长底则寿，贫贱夭者反是。夫子虽得清明者以为圣人，然禀得那低底薄底，所以贫贱。颜子又不如孔子又禀得那短底，所以又夭。

朱子所说，虽与王充相类，但比王氏讲得清楚多了。

明代思想家，关于命，唯王心斋有特见，他说：

明代思想家，关于命，唯王心斋有特见。

舜于瞽瞍，命也；舜尽性而瞽瞍底豫，是故君子不谓命也。孔子不遇，命也；而明道以淑斯人，不谓命也。若天民则听命矣，大人造命。（《语录》）

虽然承认有命，却不赞成听命，而主张造命。

虽然承认有命，却不赞成听命，而主张造命。这种思想，可谓大胆。实际上，人类是需要自己创造其命运的。

清初王船山认为人可以为天下造命，而不能为个人造命。

清初王船山认为人可以为天下造命，而不能为个人造命。船山云：

圣人赞天地之化，则可以造万物之命，而不能自造其命。能自造其命，则尧、舜能得之于子；尧、舜能得之于子，则仲尼能得之于君。然而不能也。故无有能自造其命者也。造万物之命者，非必如万物之意欲也。天之造之，圣人为君相而造之，皆规乎其大凡而止。……毅然造之而无所疑，圣人以此可继天而为万物之司命。安之危之，存之亡之，燕越不同地，老稚不同时，刚柔不同性，规乎其大凡，而危者以安，亡者以存。……乃若欲自造其命……则恶乎其可也？……弗能造也，受之而已。受之以道，则虽危而安，虽亡而存，而君相之道得矣。……唯圣人为能达无穷之化。天之通之，非以通已也；天之塞之，非以塞已也。通有塞，塞有通。命圆而不滞，以听人之自尽，皆顺受也。……天命之为君，天命之为相，俾造民物之命。已之命，已之意欲，奚其得与哉？（《文集·君相可以造命论》）

圣人能造民物之命，即赞天地之化育。至于个人之命，则唯有受之；无论命为何如，莫不可有顺受之道。

颜习斋论命，亦颇有新见。

颜习斋论命，亦颇有新见。习斋《言行录》云：

或问祸福皆命中造定，信乎？先生曰：不然。地中生苗，或可五斗，或可一石，是犹人生之命也。从而粪壤培之，雨露润之，五斗者亦可一石；若不唯无所培润，又从而蟊贼之，摧折牧放之，一石者幸而五斗，甚则一粒莫获矣。生命亦何定之有？夫所谓命一定者，不恶不善之中人顺气数而终身者耳。大善大恶固非命可囿也，在乎人耳。

人生固有所谓命，然可由人力而改变。习斋又分对于命的态度为数等，而以造命为最上。他说：

人生固有所谓命，然可由人力而改变。

> 圣人以一心一身为天地之枢纽，化其戾，生其和，所谓造命回天者也。其次知命乐天，其次安命顺天，其次奉命畏天。造命回天者，主宰气运者也。知命乐天者，与天为友者也。安命顺天者，以天为宅者也。奉命畏天者，懔天为君者也。然奉而畏之，斯可以安而顺之矣；安而顺之，斯可以知而乐之矣；知而乐之，斯可以造而回之矣。若夫昧天逆天，其天之贼乎？（《言行录》）

习斋此说，实甚精湛而明晰。所谓造命回天主宰气运，主要是赞天地之化育先天而天弗违之意。

中国哲学中所谓命，尚有与以上所述者不同之一意谓，即性命之命，乃赋予的意思。此意谓的命，源于《中庸》"天命之谓性"一语。天所赋予者，是性。就人所受言之，谓之性；就天所赋言之，则谓之命：性与命只是一事。《大戴礼记》云："分于道谓之命，形于一谓之性。"从天说，则言赋予；从道说，则言分。此意谓的命，《庄子·外篇》中亦有之，《庄子·外篇》屡言"性命之情"。其所谓命即分于道之义。汉郑康成尝云："命犹性也。"（《礼记·檀弓》注）宋代道学之人性论中所谓命，皆此意谓。如程明道云："言天之自然者谓之天道，言天之付与万物者谓之天命。"（《语录》十一）程伊川云："天所赋为命，物所受为性。"（《程氏易传·乾卦》）命即是天所赋予物的。程子又将孔子"五十而知天命"之命，及《易·说卦》"穷理尽性以至于命"之命，都解释为此意谓的命。

中国哲学中所谓命，尚有与以上所述者不同之一意谓，即性命之命，乃赋予的意思。

后来朱子、阳明以及习斋、东原等的性论中之所谓命，亦都是天所赋或分于道的意思。而因宇宙论上理气论与唯气论之不同，对于

后来朱子、阳明以及习斋、东原等的性论中之所谓命，亦都是天所赋或分于道的意思。

此所谓命,亦有两种说法。朱子一派认为天所赋予者是理,所谓天命,乃以理言;习斋则以为理气俱是天道,性形俱是天命;东原更以为道性命皆是以气言的。

第十课

自然与人为

自然与人为，或天与人，也是人生中一个根本的对立。人类的生活，应该因任自然，无所作为呢；还是应该改变自然，注重创造？老子、庄子主张自然无为，认为一切人为都是自扰，有害而无益；不如返朴任天，反可以不至发生罪恶与病痛。荀子则反对老庄，主张改造天然，努力作为。在老庄与荀子的对立学说之间的，有孔子的兼重天人的思想。孔子的学说实以人为为本，而又以"则天"与"无为"为理想境界。孟子的思想，与孔子甚相类似。后来的儒家，大都宗述孔孟的见解，一方面注重人为，一方面又尊天。

现在先说明孔子的态度。孔子本注重积极有为,精进力行;他的生活是“发愤忘食,乐以忘忧”,“好学不厌,诲人不倦”。他很注重人为,所以说:

孔子本注重积极有为,精进力行;他的生活是“发愤忘食,乐以忘忧”,“好学不厌,诲人不倦”。

> 人能弘道,非道弘人。(《论语·卫灵公》)
>
> 见义不为,无勇也。(《为政》)

人有提高道的能力,见义必须勇为。

孔子所讲的仁、智等道与德,都以力行有为为本质;他一生更凄凄惶惶,周游不息,所以被隐士讥为“知其不可而为之者”。但孔子亦尝言无为,他说:

> 无为而治者,其舜也与!夫何为哉?恭己正南面而已矣。(《卫灵公》)

无为是一种很高的境界。不过孔子的无为思想,与道家不同;道家是纯然无为,孔子则是由有为而无为。有为之极,以至于更不必用力,便到无为的境地了。活动作为,究竟是根本准则。孔子又尝讲无

无为是一种很高的境界。

言,《论语》云:

子曰:予欲无言。子贡曰:子如不言,则小子何述焉?子曰:天何言哉?四时行焉,百物生焉。天何言哉?(《阳货》)

孔子实以天为人格之最高标准,故又言"则天"。

无言即唯"以行与事示之"。孔子实以天为人格之最高标准,故又言"则天",他尝说:

大哉尧之为君也,巍巍乎!唯天为大,唯尧则之。荡荡乎!民无能名焉;巍巍乎!其有成功也,焕乎其有文章。(《泰伯》)

则天是生活之最高准则。尧德业广大,功济生民,而百姓不知其所以,故谓之则天。则天并非无所作为,故说"其有成功","其有文章"。可以说是有为之极以至若无为。孔子所谓天,根本不是静的,虽然不言,而运行无息,生物不已,常在动中,不过"无声无臭"而已。

孟子的态度与孔子极相近。

孟子的态度与孔子极相近。孟子讲"尽其心者,知其性也;知其性则知天矣。存其心,养其性,所以事天也"(《尽心》)。尽心知性本"必有事焉",而即所以"事天"。事天的观念,正表示天人之一致,是有为以合于天。

墨家的态度,与儒家颇相近。

墨家的态度,与儒家颇相近。墨子讲"天志"、"尚同",以为人应"顺天意"(《天志上》),人民需"尚同于天子",而"天子又总天下之义,所尚同于天"(《尚同下》)。此与儒家则天的思想颇相类。不过儒家所言之天,非人格神;墨家所言之天,则确为有人格的上帝。墨子又极"贵义",以为人应"嘿则思,言则诲,动则事。……手足口鼻耳,从事于义"(《贵义》)。墨家的生活是"日夜不休,以自苦为极"(《庄子·天下》)。其崇尚人为,或更甚于孔子。然而更以为义"果自天出矣"(《天志中》)!义乃原于天,而"天之志者,义之经也”(《天志下》)。“从事于义”,乃所以“顺天意”。墨家之说,可谓主张顺天而为。

崇尚自然的学说,首倡于老子。老子认为宇宙之一切,都是自然的,人亦应当顺其本来的自然,不可有意作为。老子说:

崇尚自然的学说,首倡于老子。

人法地,地法天,天法道,道法自然。(《上篇》)

道无所法,是自然的;而天之法道,亦法其自然而已。人究竟言之,也是法道,即当法其自然。老子论人为之弊害云:

五色令人目盲,五音令人耳聋,五味令人口爽,驰骋畋猎令人心发狂,难得之货令人行妨:是以圣人为腹不为目,故去彼取此。(《上篇》)

天下多忌讳,而民弥贫;民多利器,国家滋昏;人多伎巧,奇物滋起;法令滋彰,盗贼多有。(《下篇》)

此即是“为者败之,执者失之”(《下篇》)。老子观察一切事物的变化,都是发展到一定限度即一转而为其反对;如想不转为其反对,便只有先取了其反对的形态。如“为”,必发生不良的结果;唯“无为故无败,无执故无失”(《下篇》)。老子又说:

是以圣人欲不欲,不贵难得之货;学不学,复众人之所过。以辅万物之自然,而不敢为。(《下篇》)

求无败无失,只有顺自然而无所为。

求无败无失,只有顺自然而无所为。

老子反对人为,故菲薄智巧,他说:

绝圣弃智,民利百倍;绝仁弃义,民复孝慈;绝巧弃利,盗贼无有:此三者,以为文不足,故令有所属:见素抱朴,少私寡欲。

(《上篇》)

老子以圣人为理想人格之称。

老子以圣人为理想人格之称,此所谓绝圣,非指圣人,乃是聪睿之意。老子是“无为也,而笑巧”(《庄子·天下》),认为唯有废弃一切知识、德行、技术,然后天下方能太平。“抱朴”是老子自然说之中心观念,他主张“复归于朴”。

庄子认为一切人为都是自扰,结果必自受其害;天的力量极为伟大,实不可抗。

庄子的理论,比老子为明晰,但大要亦不出老子所说的范围。在老子,尚没有以天与人两个观念相对立。分别天人,始于庄子。庄子认为一切人为都是自扰,结果必自受其害;天的力量极为伟大,实不可抗。人只有随顺天然,更不要想改变天然。庄子说:

> 物不胜天久矣。(《大宗师》)

物是不能胜天的,便只好任天了。庄子说:

> 父母于子,东西南北,唯命之从。阴阳于人,不翅于父母。彼近我死,而我不听;我则悍矣,彼何罪焉?夫大块载我以形,劳我以生,佚我以老,息我以死。故善吾生者,乃所以善吾死也。今大冶铸金,金踊跃曰:我且必为莫邪。大冶必以为不祥之金。今一犯人之形,而曰人耳人耳!夫造化者,必以为不祥之人。今一以天地为大炉,以造化为大冶,恶乎往而不可哉?(《大宗师》)

人对于自然,只有听命,没有反抗的可能。人在自然中并不算什么,不要太重视了自己。

庄子主张的纲领是:

> 不以心捐道,不以人助天。(同上)

不可用心以背道,不可有为以易天。只当任其自然,更不要有所损益。如此便是：

> 既受食于天，又恶用人？有人之形，无人之情。有人之形，故群于人；无人之情，故是非不得于身。眇乎小哉！所以属于人也；謷乎大哉！独成其天。（《德充符》）

这样便是畸人。庄子说：

> 畸人者，畸于人而侔于天。故曰天之小人，人之君子；人之君子，天之小人也。（《大宗师》）

此亦即离人而入于天，亦即不同于一般人而返于自然。

《庄子·外篇》中，崇尚自然的理论更详。《外篇》云：

《庄子·外篇》中，崇尚自然的理论更详。

> 有天道，有人道。无为而尊者，天道也；有为而累者，人道也。（《在宥》）

人道有累，天道则无累。人生应当：

> 无以人灭天，无以故灭命。（《秋水》）

助天犹不可，灭天当然更不可了。什么是天，什么是人呢？天与人的分界在何？《外篇》说：

> 无为为之之谓天。（《天地》）
>
> 何谓天？何谓人？……牛马四足，是谓天；落马首，穿牛鼻，是谓人。（《秋水》）

凡无意识的，自然而然的，是天。加以有意的改变，便是人。

凡无意识的，自然而然的，是天。加以有意的改变，便是人。本来的是天，经人加工的是人。

《庄子·外篇》认为一切人为终必有不良的结果。它以马做比喻道：

马，蹄可以踏霜雪，毛可以御风寒；龁草饮水，翘足而陆，此马之真性也。虽有义台路寝，无所用之。及至伯乐，曰我善治马。烧之剔之，刻之雒之，连之以羁馽，编之以皂栈，马之死者十二三矣。饥之渴之，驰之骤之，整之齐之，前有橛饰之患，而后有鞭策之威，而马之死者已过半矣。……夫马陆居则食草饮水，喜则交颈相靡，怒则分背相踶，马知已此矣。夫加之以衡扼，齐之以月题，而马知介倪，闉扼鸷曼，诡衔窃辔。故马之知而态至盗者，伯乐之罪也。（《马蹄》）

人为，以毁伤自然则有余，以改善自然则不足。一切作为，都有很大的流弊，所得实不偿所失。如任自然，则：

天下有常然。常然者，曲者不以钩，直者不以绳，圆者不以规，方者不以矩。故天下诱然皆生，而不知其所以生；同焉皆得，而不知其所以得。（《骈拇》）

未受人为损毁的自然，本来圆满。

任天之极，以至于忘天人之辨，方是纯任自然。《庄子·杂篇》云：

夫圣人未始有天，未始有人；未始有始，未始有物；与世偕行而不替。（《则阳》）

任天以至忘天，便是完全“天而不人”（《列御寇》）了。

老子菲薄智巧，庄子亦反对知识，认为知与争相终始。

老子菲薄智巧，庄子亦反对知识，认为知与争相终始。庄子说：

知出乎争；知也者，争之器也。（《人间世》）

《外篇》所讲更详:

夫弓弩毕弋,机变之知多,则鸟乱于上矣。钩饵罔罟,罾笱之知多,则鱼乱于水矣。削格罗落罝罘之知多,则兽乱于泽矣。知诈渐毒,颉滑坚白,解垢同异之变多,则俗惑于辩矣。故天下每每大乱,罪在于好知……甚矣夫好知之乱天下也。(《胠箧》)

《杂篇》亦云:

举贤则民相轧,任知则民相盗。(《庚桑楚》)

自人类有知识以来,将宁静和乐的自然扰乱了。结果人与人的生活也不得安宁,大乱的原因在于知识。既反对知识,亦反对技巧。《外篇》云:

有机械者,必有机事;有机事者,必有机心。机心存于胸中,则纯白不备;纯白不备,则神生不定。神生不定者,道之所不载也。吾非不知,羞而不为也。(《天地》)

机械会引起欺诈争竞之心,而破坏本来的朴素境界。

庄子崇尚自然的学说,有其悲观思想为背景。庄子对于世间生活,很为悲观,他有一段非常悲痛的话:

庄子崇尚自然的学说,有其悲观思想为背景。

一受其成形,不亡以待尽。与物相刃相靡,其行尽如驰,而莫之能止,不亦悲乎?终身役役,而不见其成功;苶然疲役,而不知其所归!可不哀邪?人谓之不死,奚益?其形化,其心与之俱然,可不谓大哀乎?人之生也,固若是芒乎?其我独芒,而人亦有不芒者乎?(《齐物论》)

人不过是被生出来而不得不继续维持自己的存在,以等待死亡来临而已。与物竞争不休，几十年的光阴很快过去了。一生劳累，结果不过空虚，哪里有什么成功呢？到死时身心俱灭，哪里有独在常存的精神？人生是劳而无功，实际有何意义？庄子对于人生中的竞争，最为叹惋，他说：

庄子对于人生中的竞争，最为叹惋。

> 其寐也魂交，其觉也形开。与接为构，日以心斗。……其发若机栝，其司是非之谓也；其留如诅盟，其守胜之谓也。其杀如秋冬，以言其日消也；其溺之所为之，不可使复之也。（同上）

人与人之间，充满了悲剧；相互嫉恨，相互伤害，一切都在斗争竞胜之中。结果日消而不可复，如是而已。

不过悲观仍要寻找出路。

不过悲观仍要寻找出路。庄子也要想出一个至乐之道。因任自然，无为无事，就可以免除悲剧了。顺天无为，不要相互竞争，而“役役”的人生即可变为“逍遥”的人生了。一切人为都是没有意义的，任天则当下便是良好的生活。

彻底主张人为的，古代只有一个荀子。

彻底主张人为的，古代只有一个荀子。荀子的学说是庄学的反响。荀子批评庄子说：“庄子蔽于天而不知人。”（《解蔽》）庄子完全抹杀人为，荀子便极力推崇人为。社会治乱，都由于人，应该尽量发挥人的力量。荀子主张利用天，宰制天，使天适合于人的要求，他说：

> 大天而思之，孰与物畜而制之？从天而颂之，孰与制天命而用之？望时而待之，孰与应时而使之？……愿于物之所以生，孰与有物之所以成？故错人而思天，则失万物之情。（《天论》）

这确实是一段发放卓异光彩的言论。赞叹天之宏伟而思慕、歌颂之，结果能有何益处？何如宰制而利用之？人们只当理物而求勿失，更不必冥想。不要思唯物之根源，只应改造物以为人用。荀子主张“于天地万物也,不务说其所以然,而致善用其材”。做到最好的地步,则“天之所覆,地之所载,莫不尽其美,致其用”(《王制》)。这便是人生的极诣,在此境界,人是胜天了:“天地官而万物役矣。”(《天论》)此种宏伟卓越的效果,岂是任天所可能达到么?

庄子与荀子立说正相反,然亦有一致之点,即都将天然与人为看作对立的。孔子与孟子则将天人看作合一的。孔孟认为天是动的,所以人之有为,乃正所以合天。此种观念,《易传》表示得最清楚。《易·象传》云:

庄子与荀子立说正相反,然亦有一致之点,即都将天然与人为看作对立的。

孔子与孟子则将天人看作合一的。

> 天行健,君子以自强不息。

天是生生日新而无已的,故人应自强不息。有为,乃是效天。《中庸》亦云:

> 《诗》云:“维天之命,于穆不已。”盖曰天之所以为天也。“于乎不显,文王之德之纯”。盖曰文王之所以为文也。纯亦不已。

天之所以为天,乃日进无息,人亦当日进无息。天是动的,人之活动,乃所以法天。

汉宋诸儒,都颇注重天人之合一,与孔孟相近。讲天人合一,则自然与人为,可以说根本不成问题,所以汉、宋哲学家对此问题讲得不多。他们大体的态度是:既不主张任天,更不赞成制天,而主张有为以合于天。

汉宋诸儒,都颇注重天人之合一,与孔孟相近。

汉董仲舒以为人是完成天地之功的,而可谓天之继。他说:

汉董仲舒以为人是完成天地之功的,而可谓天之继。

> 天生之,地养之,人成之。天生之以孝悌,地养之以衣食,人成之以礼乐。(《春秋繁露·立元神》)

夫损益者皆人，人其天之继欤？出其质而人弗继，岂独立哉？（《春秋繁露·循天之道》）

所谓继天，既非任天，亦非制天，而乃顺天之道而有所创作。董子又说：

不顺天道，谓之不义。察天人之分，观道命之异，可以知礼之说矣。见善者不能无好，见不善者不能无恶。好恶不能坚守，故有人道。人道者，人之所由乐而不乱，复而不厌者。（《春秋繁露·天道施》）

人应顺天道，然而更需立人道。

人应顺天道，然而更需立人道。人生而好善，恶不善，此乃天之所命。然而人未必能永久好善、恶不善而不动摇，故须有人道。"察天人之分，观道命之异"，此道指人道。董子讲天人相类，而又重天人之分，似以为人固当知天人之合一，而亦不当忘天人之区别。董子又云：

志意随天地，缓急仿阴阳。然而人事之宜行者，无所郁滞。且恕于人，顺于天。天人之道兼举，此谓执其中。（《春秋繁露·如天之为》）

天人之道兼举，不违天亦不废人事，然后为得之。

人道虽与天道有异，然实乃法天而立的。董子云：

天者，群物之祖也。……故圣人法天而立道。（《汉书·董仲舒传》）

道之大原出于天。（同上）

此所谓道，皆指人道，故又尝云："道者所由适于治之路也。"

(同上)天实乃人道之所本。

董子更以法天为人生之准则,他说:

董子更以法天为人生之准则。

圣者法天,贤者法圣,此其大数也。(《春秋繁露·楚庄王》)

圣人以天为法,天是人之最高标准。董子又云:

王者欲有所为,宜求其端于天。(同上)

要之,董子乃主张法天而为。董子之“圣者法天”的思想,实为后儒之一致的见解。

宋周子云:

圣希天,贤希圣,士希贤。(《通书》)

此当是由董子所说而来。以天为人格之最高标准。

张子云:

天大无外,故有外之心,不足以合天心。(《正蒙·大心》)

亦以合天为理想。道学家中,以张子较注重人为。他尝说:

道学家中,以张子较注重人为。

气与志,天与人,有交胜之理。(《正蒙·太和》)

天能为性,人谋为能。大人尽性,不以天能为能,而以人谋为能。(《正蒙·诚明》)

气能动志,志亦能动气;天固可胜人,人亦可胜天。圣人不恃天能,而特重人谋。张子又云:

天道四时行,百物生,无非至教;圣人之动,无非至德。夫何言哉?(《正蒙·天道》)

上天之载,有感必通;圣人之为,得为而为之也。(同上)

张子是讲有为以合天，或则天而为。

自然之变化，皆可以为法；而圣人之有为，乃所以法天。要之，张子是讲有为以合天，或则天而为。

此外诸道学家，亦皆主则天而为。以其无甚特见，兹不备述了。要之，道学家皆以天为人之准则，而天是生生不息的，求合于天，更必有甚大的努力，所以也颇注重有为；而有为非所以制天，实所以法天。

清初王船山，甚注重人为。

清初王船山，甚注重人为。船山认为，为人需尽人道，要发挥人之所以为人者。如只因任自然，便无以异于禽兽了。船山说：

> 能不以慕少艾妻子仕热中之慕，慕其亲乎？能不以羊乌之孝蜂蚁之忠，事其君父乎？而后人道显矣。顺用其自然，未见其异于禽兽也！（《思问录·内篇》）

只顺用自然，则无以异于禽兽；而人实应当尽量发挥人之所以异于禽兽者。船山说：

> 由仁义行，以人道率天道也；行仁义，则待天机之动而后行，非能尽夫人之所以异于禽兽者矣。天道不遗于禽兽，人道则为人之独。由仁义行，大舜存人道，圣学也，自然云乎哉！（同上）

应当注重“为人之独”的人道，而不应讲自然。船山又说：

> 吉凶成败，皆有自然之数，而非可以人力安排。滘于利欲者，廓其心于俯仰倚伏之间，而几矣。乃见仅及此，而以億天理之皆然，遂以谓莫匪自然，而学问思辨笃行皆为增益，而与天理不相应，是以利之心而测义也，陋矣。（同上）

人于利应听其自然；于义，则当奋发有为。

求利的人为，不可以有；求义的人为，却不可以不有。人于利应听其自然；于义，则当奋发有为。船山又说：

天下之志亦浅矣,而求其道则深也。天下之务亦大矣,而溯所成则几也。……故不曰我高以明,而天下之志不足知;我静以虚,而天下之务不足为。极天下之固有,攘君谇母,皆志之所必悉;极天下之大有,酒浆瓜枣,皆务之所必勤。……推之近远,抵之幽深,会其参伍,通其错综,然则深可极而几可研。要岂可易简于事外,以忍于不知而敢于不为也哉?(《周易外传》五)

道家崇尚无知无为,船山则特重有知有为。秦汉以后,儒者之中,崇尚人为的,实以船山为最。

戴东原亦主人为,他认为仅自然不足,必须由自然而发展,以归于必然。必然即应当的意思。东原说:

戴东原亦主人为,他认为仅自然不足,必须由自然而发展,以归于必然。

夫人之异于物者,人能明于必然;百物之生,各遂其自然也。(《孟子字义疏证》)

能明于必然,乃是人之所以异于禽兽者,而由自然以归于必然,乃适所以完成其自然。东原说:

自然之与必然,非二事也。就其自然明之尽,而无几微之失焉,是其必然也;如是而后无憾,如是而后安,是乃自然之极则。若任其自然,而流于失,转丧其自然,而非自然也。故归于必然,适完其自然。(同上)

他又说过:"归于必然,适全其自然,此之谓自然之极致。"(《原善》)必然是自然之改变,而亦是自然之圆满。如纯任自然,不知求所以无失,则必至于反而丧失其自然。如欲保持自然,便必须求所以无失无憾之道,而归于必然。

船山、东原也都颇讲天人之合一,他们虽注重人为,但不主张制天胜天。他们的人为论,乃从孔孟来,而非从荀子来。可以说,宋明大多数道学家的思想,是从孔孟出发,而较偏于自然的,张子及船山、东原,则是从孔孟出发,而较偏于人为的。

第十一课 欲与理

欲，在人生中占有很重要的位置，因而也形成一个重大的人生哲学问题。在生活中，如何满足欲，常成为亟待解决的问题；在哲学中，问题则变成对于欲应持如何态度，即，欲究竟应当满足与否？或应当满足至如何程度？关于欲的学说，在先秦有节欲说、苦行说、无欲说、纵欲说。儒家是主节欲的。墨家重苦行，有禁欲的倾向，而其实际乃是禁制一部分人过度的欲，以求满足一切人之最低限度的欲。道家讲无欲，其意是教人以最低限度的满足为满足。所以墨家与道家的学说，其实也都是节欲，不过程度不同而已。宋时乃有理欲之辨，主存理去欲，而实际也是一种节欲说。到清初，发生对于理欲之辨的反响；不过代替的理论不是纵欲，亦是节欲。在先秦，与欲对待的观念是道；在宋明，是理。

1. 节欲说

节欲亦曰寡欲，亦曰导欲。节欲之说发端于孔子，经过孟子，至荀子而大成。

节欲亦曰寡欲，亦曰导欲。节欲之说发端于孔子，经过孟子，至荀子而大成。

孔子对于欲的态度，虽不曾明说出，但他尝自述道：

> 七十而从心所欲，不逾矩。（《论语·为政》）

言从心所欲，而又言不逾矩，可知其是有节度的。七十而始从心所欲不逾矩，则七十以前，必常注意节制自己的欲；到七十岁，修养纯熟，不必节制，而自然不逾矩了。《论语》又云：

> 宪问……克伐怨欲不行焉，可以谓仁乎？曰：可以为难矣，仁则吾不知也。（《宪问》）

仅去欲，不足为仁。而且孔子讲仁，尝以欲字来讲：

> 夫仁者，己欲立而立人，己欲达而达人。（《雍也》）

己所不欲勿施于人，是恕；己之所欲推之于人，便是仁。仁不在无欲，而在推欲。然而《论语》又云：

> 子路问成人，子曰：若藏武仲之知，公绰之不欲，卞庄子之勇，冉求之艺，文之以礼乐，可以为成人矣。（《宪问》）

孔子主张节欲。

又以不欲为成人的条件之一。总之，孔子主张节欲。

孟子则言寡欲。

孟子则言寡欲。孟子说：

> 养心莫善于寡欲：其为人也寡欲，虽有不存焉者寡矣；其为人也多欲，虽有存焉者寡矣。（《尽心》）

寡欲是养心之道，乃德行之基础。孟子又说：

> 无为其所不为，无欲其所不欲，如此而已矣。（同上）

所不为即所不当为，所不欲即所不当欲，古语省略。无欲所不当欲，亦即寡欲之谓。孟子亦非根本排斥欲，不过认为多欲是不应当的；孟子尝以欲字来讲善：

> 可欲之谓善。（《尽心》）

他又说过：

> 生亦我所欲也，义亦我所欲也。二者不可得兼，舍生而取义者也。（《告子》）

到荀子乃有关于欲的精详理论，形成一个周密的节欲论或导欲论。

善就是可欲，而义也是欲之对象。由此可以见孟子之根本态度是承认欲的。

孔子、孟子对于欲，所说都略而不详。到荀子乃有关于欲的精详理论，形成一个周密的节欲论或导欲论。

荀子反对去欲或寡欲,主张导欲或节欲。孟子讲寡欲,荀子不赞成寡欲,这是孟荀的不同。荀子实比孟子更倾向于承认欲。荀子说:

荀子反对去欲或寡欲,主张导欲或节欲。

> 凡语治而待去欲者,无以道欲而困于有欲者也。凡语治而待寡欲者,无以节欲而困于多欲者也。有欲无欲,异类也,生死也,非治乱也。欲之多寡,异类也,情之数也,非治乱也。欲不待可得,而求者从所可。欲不待可得,所受乎天也;求者从所可,受乎心也。……故欲过之而动不及,心止之也。心之所可中理,则欲虽多,奚伤于治?欲不及而动过之,心使之也。心之所可失理,则欲虽寡,奚止于乱?故治乱在于心之所可,亡于情之所欲。……故虽为守门,欲不可去,性之具也。虽为天子,欲不可尽。欲虽不可尽,可以近尽也;欲虽不可去,求可节也。所欲虽不可尽,求者犹近尽;欲虽不可去,所求不得,虑者欲节求也。道者,进则近尽,退则节求,天下莫之若也。(《正名》)

不必去欲或寡欲,唯应以心导欲或节欲。荀子认为心极有力量,心能宰制欲,欲实听命于心。治乱不在于欲之有无多寡,而在于心所认为然者合理不合理。如心之所认为然者适于理,则虽多欲,而心认为不可,便自能不求之。欲实不可去,亦不可尽。虽不可去,却可以节;虽不可尽,却可近尽。荀子实乃主张欲可得满足即求满足,不可满足然后加以节制,故讲"进则近尽,退则节求"。欲虽需节,而所满足者愈多愈好;不过不能满足时不可强求而已。

荀子更从欲之矛盾讲节欲。欲是当遂的,然而欲含有矛盾性。人人都要各遂其欲,必至于互相冲突,以致任何人的欲全都不能获得满足。故必须各自节制其欲,然后能不相冲突,各人之欲乃皆可得到相当满足。节欲之目的乃在于遂欲,节欲正是遂欲之途径。荀子说:

荀子更从欲之矛盾讲节欲。

人生而有欲。欲而不得，不能无求；求而无度量分界，则不能不争；争则乱，乱则穷。先王恶其乱也，故制礼义以分之，以养人之欲，给人之求；使欲必不穷乎物，物必不屈于欲。两者相持而长，是礼之所起也。故礼者养也。（《礼论》）

礼之目的原在养人之欲，给人之求。

有欲而无度量分界，则不能不争，结果必至于困穷。所以不得不以礼义来节制。礼之目的原在养人之欲，给人之求。荀子更条分缕析地说道：

孰知夫出死要节之所以养生也？孰知夫出费用之所以养财也？孰知夫恭敬辞让之所以养安也？孰知夫礼义文理之所以养情也？故人苟生之为见，若者必死；苟利之为见，若者必害；苟怠惰偷懦之为安，若者必危；苟情悦之为乐，若者必灭。故人一之于礼义，则两得之矣；一之于情性，则两丧之矣。（同上）

只知任欲，必至于危亡；唯遵循礼义，然后可得安乐。不唯人人的欲互相冲突，而且纵欲过度，必致伤生。为求以后还有遂欲的希望，亦不能不节欲。荀子又说：

凡人之取也，所欲未尝粹而来也；其去也，所恶未尝粹而往也；故人无动而不可以不与权俱。……权不正则祸托于欲而人以为福，福托于恶而人以为祸，此亦人所以惑于祸福也。道者，古今之正权也；离道而内自择，则不知祸福之所托。……从道而出，犹以一易两也，奚丧？离道而内自择，是犹以两易一也，奚得？（《正名》）

求欲未必得所欲，去恶未必离所恶；有时祸托于欲，有时福托于恶，这都是欲之矛盾。所以人之行动不能不与权俱，而道是古今之正

权,故不可不从道。荀子说:

> 君子乐得其道,小人乐得其欲。以道制欲,则乐而不乱;以欲忘道,则惑而不乐。(《乐论》)
>
> 人知谨注错慎习俗大积靡,则为君子矣;纵性情而不足问学,则为小人矣。为君子则常安荣矣,为小人则常危辱矣。凡人莫不欲安荣而恶危辱。故唯君子为能得其所好,小人则日徼其所恶。(《儒效》)

应当以道制欲,不应以欲忘道。以道制欲则常安荣,而得其所好;以欲忘道则常危辱,而缴其所恶。荀子又说:

> 是为是,非为非,能为能,不能为不能,并己之私欲,必以道夫公道通义之可以相兼容者。(《强国》)

必须屏除己之私欲,而遵循乎公道通义,如此方可相兼容而不至相冲突。

要之,荀子以为欲实当遂,虽不可尽,而可以近尽时,则求其近尽。但欲是矛盾的,人与人之欲相冲突,而求欲又未必即得所欲,所以必须从道而节欲。以道制欲,方能有良好生活。

以道制欲,方能有良好生活。

2. 苦行说

墨子最重苦行,颇有禁欲的倾向。但墨子并非否认欲,而且极其注重人人之最基本的欲之满足。墨子乃是为求满足一切人之基本的欲而主张禁制一部分人之非基本的欲。墨子及其弟子的行为是:

墨子最重苦行,颇有禁欲的倾向。

以绳墨自矫。

生不歌,死无服。

腓无胈,胫无毛。

以裘褐为衣,以跂蹻为服。日夜不休,以自苦为极。

墨子及其弟子,都极能苦行,对于情欲,颇为压抑。

墨子及其弟子,都极能苦行,对于情欲,颇为压抑。墨子尝说:

必去六辟,嘿则思,言则诲,动则事,使三者代御,必为圣人!必去喜、去怒、去乐、去悲、去爱、去恶,而用仁义。(《贵义》)

以喜怒乐悲爱恶为六辟,而排除之,其对于情欲的态度如此。墨子又说:

且夫仁者之为天下度也,非为其目之所美,耳之所乐,口之所甘,身体之所安,以此亏夺民衣食之财,仁者弗为也。(《非乐》)

墨子反对要求美色、乐声、甘味、安逸;他所注重者是一切人民的衣食之财。墨子又尝说:

民有三患:饥者不得食,寒者不得衣,劳者不得息,三者民之巨患也。(同上)

墨子所以苦行,其目的乃在兴天下之大利。

墨子乃是为求一切人民之饥而得食,寒而得衣,劳而得息,而反对一部分人求目之所美,耳之所乐,口之所甘,身体之所安。墨子所以苦行,其目的乃在兴天下之大利。他深知使天下人人皆得满足最基本的欲,实极不易;以为欲使天下人人皆得遂其生,便不得不苦行。求天下共乐,非先共苦不可。墨子的欲论是取消个人的一切非基本的欲以求满足一切人之基本的欲。

《墨经》有云:

无欲恶之为益损也,说在宜。(《经下》)

《经说》云:

欲恶伤生损寿。(《经说下》)

欲恶得宜则益;不得宜则损。欲恶而不宜,乃足以伤生损寿。

宋钘也极重苦行,其生活与墨子甚相类似。他更讲一种新的学说,认为人之情本来是欲寡的,而人皆以情为欲多,乃是迷妄。宋子书不传,荀子曾论述之云:

宋钘也极重苦行,其生活与墨子甚相类似。

子宋子曰:人之情欲寡,而皆以己之情为欲多,是过也。故率其群徒,辨其谈说,明其譬称,将使人知情之欲寡也。(《正论》)

《庄子·天下篇》亦谓宋子"以禁攻寝兵为外,以情欲寡浅为内"。宋子是认为人之情本来欲寡不欲多,本来得满足即满足。墨子教人只求最基本的欲之满足,宋子则谓人本来是只求最基本的欲之满足。

战国时,有一个专讲苦行禁欲的思想家,即陈仲子。荀子论述之云:

战国时,有一个专讲苦行禁欲的思想家,即陈仲子。

忍性情,綦谿利跂,苟以分异人为高,不足以合大众明大分。然而其持之有故,其言之成理,足以欺惑愚众,是陈仲史鰌也。(《非十二子》)

史鰌与孔子同时,《论语》中尝称其直,未言其忍性情。《孟子》书中亦尝言及陈仲子,云:

匡章曰:陈仲子岂不诚廉士哉?居于陵,三日不食,耳无闻目无见也;井上有李,螬食实者过半矣,匍匐往将食之,三咽,然后耳有闻，目有见。孟子曰：于齐国之士，吾必以仲子为巨擘焉。虽然，仲子恶能廉？充仲子之操，则蚓而后可者也。……仲子，齐之世家也；兄戴，盖禄万钟。以兄之禄为不义之禄而不食也，以兄之室为不义之室而不居也，辟兄离母，处于于陵。（《滕文公》）

仲子甚能苦行，不食不义之禄，不居不义之室，“身织履，妻辟纑”，以自维持生活，大概常至于饥寒。孟子认为仲子所标榜的苦行，在人类实不可能，所以说“充仲子之操，则蚓而后可者也”。陈仲子与墨家不同，墨家是苦行以救世，陈仲子则是独善其身而已。

3. 无欲说

道家讲无欲，认为欲是扰人害生的，然而不可以压抑或禁制，需令它自然而然的不发生。

道家讲无欲，认为欲是扰人害生的，然而不可以压抑或禁制，需令它自然而然的不发生。无欲之说，发自老子。老子说：

不见可欲，使心不乱。……常使民无知无欲。（《上篇》）

无欲以静，天下将自定。（同上）

老子所谓无欲，并非完全没有欲；正如他所谓无为，不是完全没有动作。所谓无欲，乃是令人满足于最少之程度；就此满足，不更有所企求。老子说：

小国寡民，使有什伯之器而不用，使民重死而不远徙。……甘其食，美其服，安其居，乐其俗。（《下篇》）

食、服、居，仍是需要的；不过需甘其所有的食，美其所有的服，安其所有的居，乐其所有的俗，不要想望更进一步。求更进一步，乃老子所排斥，他说：

大道甚夷，而民好径，朝甚除，田甚芜，仓甚虚，服文采，带利剑，厌饮食，财货有余：是谓盗夸，非道也哉。（《下篇》）

老子极其反对过分的享受。但老子不主张遏欲或制欲，他最注重知足，即满足现状，不感觉缺乏。欲实即是感缺乏；如不感缺乏，便是无欲了。老子说：

老子极其反对过分的享受。

罪莫大于可欲，祸莫大于不知足，咎莫大于欲得，故知足之足常足矣。（《下篇》）

老子又极言多欲之害：

持而盈之，不如其已。揣而税之，不可长保。金玉满堂，莫之能守。富贵而骄，自遗其咎。（《上篇》）

甚爱必大费，多藏必厚亡。知足不辱，知止不殆，可以长久。（《下篇》）

老子的主旨，是教人知足知止，自然而然没有欲求。老子的无欲说，其实乃是一种寡欲说，故老子亦言寡欲：

老子的无欲说，其实乃是一种寡欲说。

见素抱朴，少私寡欲。（《上篇》）

老子的真实意思，乃主张少私寡欲。真能寡欲，满足于其所得，更无其他想望，便是无欲了。

庄子也讲无欲，他的理想人格是“有人之形，无人之情”（《德充符》），认为情欲皆不可有。庄子又尝说：

庄子也讲无欲，他的理想人格是“有人之形，无人之情”。

其耆欲深者，其天机浅。（《大宗师》）

天机充全者，便无有嗜欲了。

天机充全者，便无有嗜欲了。《庄子·内篇》未多论欲，在庄子看来，欲实在不成问题，庄子齐生死，故说："不知说生，不知恶死"（《大宗师》）；"死生无变于己，而况利害之端乎"（《齐物论》）？生死且无所容心，更何有于欲？欲根本不值得注意。

《庄子·外篇》亦主无欲，《外篇》说：

> 同乎无欲，是谓素朴，素朴而民性得矣。（《马蹄》）

《庄子·杂篇》亦偶论欲，认为欲及情伤性害德。

《庄子·杂篇》亦偶论欲，认为欲及情伤性害德。如云：

> 恶欲、喜怒、哀乐，六者累德也。（《庚桑楚》）
>
> 将盈耆欲，长好恶，则性命之情病矣。（《徐无鬼》）
>
> 欲恶之孽……始萌以扶吾形，寻擢吾性。（《则阳》）

欲是有害的，应当涤除。

北宋道学之创始者周子，亦有无欲之说，认为人不仅应当寡欲，而应寡之以至于无。

北宋道学之创始者周子，亦有无欲之说，认为人不仅应当寡欲，而应寡之以至于无。周子说：

> 孟子曰：养心莫善于寡欲。……予谓养心不止于寡焉而存耳，盖寡焉以至于无。无则诚立明通。诚立，贤也；明通，圣也。（《养心亭说》）

周子明白地反对孟子的寡欲说，而归于道家的无欲说。以为无欲乃作圣之道。周子又说：

> 圣可学乎？曰可。曰有要乎？曰有。请闻焉！曰一为要。一者无欲也。无欲则静虚动直。静虚则明，明则通；动直则公，公则溥。明通公溥，庶矣乎！（《通书》）

周子极注重无欲，认为无欲是修养之最要紧的准则。周子受道家的影响实在甚大。

4. 纵欲说

先秦时,亦有持纵欲说的,即是魏牟。荀子尝论述之云:

先秦时,亦有持纵欲说的,即是魏牟。

> 纵情性,安恣睢,禽兽行。不足以合文通治,然而其持之有故,其言之成理,足以欺惑众愚,是它嚣魏牟也。(《非十二子》)

它嚣无考。魏牟有书,今已不传,其思想之详细,今不可得知;大概是主张任欲而行,不必节制。

魏晋时,又有纵欲思想,其理论存于今伪《列子·杨朱篇》。《杨朱篇》以为人生之目的只在享乐。

魏晋时,又有纵欲思想,其理论存于今伪《列子·杨朱篇》。

> 人之生也,奚为哉?奚乐哉?为美厚尔,为声色尔!

人生于享乐外无它目的,故人只应求所以自娱:

> 太古之人,无生之暂来,知死之暂往,故从心而动,不违自然所好;当身之娱,非所去也。

生命是短暂的,行乐而已矣,何必勤劳以自苦!于是《杨朱篇》主张放恣纵欲,它说:

> 养生……肆之而已,勿壅勿阏。……恣耳之所欲听,恣目之所欲视,恣鼻之所欲向,恣口之所欲言,恣体之所欲安,恣意之所欲行。

只恣其所足,其他皆所不顾。《杨朱篇》又云:

凡生之难遇而死之易及;以难遇之生俟易及之死,可孰念哉?而欲尊礼义以夸人,矫情性以招名,吾以此为弗若死矣!为欲尽一生之观,穷当年之乐;唯患腹溢而不得恣口之饮,力惫而不得肆情于色;不遑忧名声之丑,性命之危也。

只求享乐,唯患不得恣其所欲;名声性命,皆在所不虑。《杨朱篇》又云:

生民之不得休息,为四事故,一为寿,二为名,三为位,四为货。有此四者,畏鬼畏人,畏威畏刑:此谓之遁人也。可杀可活,制命在外。不逆命,何羡寿?不矜贵,何羡名?不要势,何羡位?不贪富,何羡货?此之谓顺民也。天下无对,制命在内。

不顾性命之危,故不羡寿;不忧名声之丑,故不羡名;寿名皆所不念,更何有于位、货?世人所念念不去怀者,生命,势位,富,贵,《杨朱篇》都认为不屑措意。《杨朱篇》是教人只求实现当前的快乐,而不必虑及将来。

《杨朱篇》是教人只求实现当前的快乐,而不必虑及将来。

5. 存理去欲说

在宋代道学中,有所谓理欲之辨,与义利之辨占同等重要的位置。

在宋代道学中,有所谓理欲之辨,与义利之辨占同等重要的位置。理亦曰天理;欲亦曰人欲,或私欲。天理人欲的观念,首见于汉初人所作的《乐记》。《乐记》云:

人生而静,天之性也;感于物而动,性之欲也。物至知知,然后好恶形焉。好恶无节于内,知诱于外,不能反躬,天理灭矣。夫物之感人无穷，而人之好恶无节，则是物至而人化物也。人化物也者，灭天理而穷人欲者也。

到宋代，天理人欲遂成为两个很重要的哲学观念。宋代道学中天理人欲之辨，发端于张子，成立于二程子，至朱子而大成。

到宋代，天理人欲遂成为两个很重要的哲学观念。

今在述说诸家的理论以前，先将天理人欲二观念的意义略加诠释。天有二义，一自然，二大公或普遍。理便是规律准则的意思。所谓天理，即自然的普遍的规律或准则。自然而普遍，则含括必然的意思。故所谓天理，亦可以说是必然的规律或准则。人欲一词，最易起误会。《乐记》所谓人欲，指一人之欲，实与私欲同义。宋代道学中所谓人欲，亦即是私欲之意。在宋代道学，凡有普遍满足之可能，即不得不满足的，亦即必须满足的欲，皆不谓之人欲，而谓之天理。如饥而求食，寒而求衣，以及男女居室，道学皆谓之天理。凡未有普遍满足之可能，非不得不然的，即不是必须满足的欲，如食而求美味，衣而求美服，不安于夫妇之道而别有所为，则是人欲。所谓天理人欲之辨，其实是公私之辨。

所谓天理人欲之辨，其实是公私之辨。

现在述张子的学说。张子说：

上达反天理，下达徇人欲者与！（《正蒙·诚明》）

天理人欲相对立，人应返天理，不应徇人欲。张子解释天理的意谓道：

所谓天理也者，能悦诸心，能通天下之志之理也。（同上）

天理者，时义而已。（同上）

天理是通天下之志之理，即是普遍的大公的非一人之私意的行为准则。因时合宜为时义；天理不只是普遍的而且是随时适应的。张子又说：

烛天理如向明，万象无所隐；穷人欲如专顾影间，区区于一物之中尔！（《正蒙·大心》）

人当平物我，合内外。如以身鉴物，便偏见；以天理中鉴，则人与己皆见。犹持镜在此，但可鉴彼，于己莫能见也；以镜居中，则尽照。只为天理常在，身与物均见，自不私。己亦是一物，人常脱去己身，则自明。（《理窟学大原下》）

要之，天理是平视物我，超越个人的。

程明道最注重天理。

程明道最注重天理。天理是明道哲学思想之中心观念。但关于理欲之辨，明道所说不甚多。明道云：

人心莫不有知，唯蔽于人欲，则忘天理也。（《语录》十一）

人心唯危，人欲也；道心唯微，天理也。（同上）

为人欲所蔽，则忘天理；去欲之蔽，便能复天理了。天理即道心，甚为隐微；人欲即人心，殊为危险。

程伊川论天理人欲的话较多。伊川说：

甚矣欲之害人也！人之为不善，欲诱之也。诱之而弗知，则至于天理灭而不知反。故目则欲色，耳则欲声，以至鼻则欲臭，口则欲味，体则欲安，此皆有以使之也。然则何以窒其欲，曰思而已矣。（《语录》二五）

养心莫善于寡欲，不欲则不惑。可欲不必沉溺，只有所向便是欲。（同上十五）

欲是害人的，乃一切恶之根源。

欲是害人的，乃一切恶之根源。凡有过分妄想都是欲。伊川又说：

天下之害，无不由末之胜也：峻宇雕墙，本于宫室；酒池肉林，本于饮食；淫酷残忍，本于刑罚；穷兵黩武，本于征讨。凡人欲之过者，皆本于奉养；其流之远，则为害矣。先王制其本者，天理也；后人流于末者，人欲也。损之义，损人欲以复天理而已。（《程氏易传·损》）

本是天理，末是人欲。宫室、饮食、刑罚、征讨，都是天理所应有；峻宇雕墙，酒池肉林，淫酷残忍，穷兵黩武，则是人欲之过了。末由本而出，由天理而流于远，便是人欲。人生应当损人欲之过，以复于天理。伊川又解释天理云：

莫之为而为，莫之致而致，便是天理。（《语录》十八）

天理乃自然而然，不得不然的。

二程弟子谢上蔡（良佐），对于天理，有较二程所说更明白的解说。谢氏云：

二程弟子谢上蔡（良佐），对于天理，有较二程所说更明白的解说。

天理，当然而已矣。当然而为之，是为天之所为也。（《语录》）

须是认为天理始得。所谓天理者，自然底道理，无毫发杜撰。今人乍见孺子将入于井，皆有怵惕恻隐之心。方乍见时，其心怵惕，即所谓天理也。要誉于乡党朋友，内交于孺子父母兄弟，恶其声而然，即人欲耳。天理与人欲相对，有一分人欲，即灭却一分天理；有一分天理，即胜得一分人欲。人欲才肆，天理灭矣。任私用意，杜撰做事，所谓人欲肆矣。……学者直须明天理为是自然底道理，移易不得。（同上）

天理即当然。此当然准则，乃自然而有的，非由人定。所谓移易不得，即必然的意思。如任私用意，便是人欲。天理是无所为而为，人欲是有所为而为。

朱子论天理人欲最详。

朱子论天理人欲最详。朱子认为应当严辨天理人欲，他说：

> 学者须是革尽人欲，复尽天理，方始是学。（《语类》十三）
>
> 人之一心，天理存则人欲亡；人欲胜则天理灭。未有天理人欲夹杂者，学者须要于此体认省察之。（同上）

天理人欲不两立，人须彻底存理去欲。朱子更详论天理之内容云：

> 天理只是仁义礼智之总名，仁义礼智便是天理之件数。（同上）

天理实即是仁义礼智。朱子论天理与人欲之关系云：

> 有个天理，便有个人欲。盖缘这个天理，须有个安顿处；才安顿得不恰好，便有人欲出来。（同上）
>
> 人欲云者，正天理之反耳。谓因天理而有人欲，则可；谓人欲亦是天理，则不可。盖天理中，本无人欲；惟其流之有差，遂生出人欲来。（《答何叔京》）

天理人欲相对立，而亦有其联系。人欲乃由天理而有；天理表现出来，有所偏差，便是人欲。恰好处是天理；过或不及，失其恰好，即是人欲了。朱子又云：

> 盖天理莫知其所始，其在人则生而有之矣；人欲者，梏于形，杂于气，狃于习，乱于情而后有者也。（《知言疑义》）

这讲天理人欲的联系，其实未讲清楚。

天理是本来就有的，人欲则缘形气而有。这讲天理人欲的联系，其实未讲清楚。

朱熹 >>>

朱子论人事中何为天理何为人欲却较清楚。

朱子论人事中何为天理何为人欲却较清楚。《语类》云：

问饮食之间，孰为天理孰为人欲？曰：饮食者，天理也；要求美味，人欲也。（十三）

问饥食，渴饮，冬裘夏葛，何以谓之天职？曰：这是天教我如此。饥便食，渴便饮，只得顺他。穷口腹之欲便不是。盖天只教我饥则食，渴则饮，何曾教我穷口腹之欲？（九十六）

只得顺他，即不得不然之意。饿则食，渴则饮，乃是因其自然，毫无私意，所以是天理。要求美味，便非不得不然，乃是任私用意，所以是人欲。就欲字之本谊而言，饥食渴饮，本都是欲；但这种欲是公共的，有普遍满足之可能，且不得不满足，故道学家不谓之欲，而谓之天理。道学家之排斥人欲，其实并不是否认一切欲望，而是将最基本的欲提出不名为欲；将欲之一词，专限于非基本的有私意的欲。

天理人欲之辨，至朱子，可以说讲得比较详备了。

象山认为天人非二，不当以天为理而以人为欲。

阳明极注重天理人欲之辨，以为存天理去人欲是致良知之紧要功夫。

天理人欲之辨，至朱子，可以说讲得比较详备了。与朱子同时的陆象山，不赞成天理人欲之辨。象山认为天人非二，不当以天为理而以人为欲。故象山极注重义利之辨，而不讲理欲之辨。但象山此说，并无甚大影响。为象山哲学之发挥者与完成者的王阳明，在其他问题上皆宗象山，在此问题则舍象山而从朱子。阳明极注重天理人欲之辨，以为存天理去人欲是致良知之紧要功夫。良知即天理，因人欲之昏蔽而不见；去人欲以复天理，便是致良知。阳明说：

必欲此心纯乎天理而无一毫人欲之私，此作圣之功也。（《答陆元静》）

只要去人欲，存天理，方是功夫。静时念念去欲存理，动时念念去欲存理。（《传习录》）

人若真实切己用工不已，则于此心天理之精微，日见一日，

私欲之细微，亦日见一日。若不用克己工夫，天理私欲终不自见。（同上）

圣人之所以为圣，只是此心纯乎天理而无人欲之杂。（同上）

修养之切己功夫，是念念存天理去人欲。到此心纯乎天理而无一毫人欲，便是圣人了。学圣人需在存理去欲上作功夫。

清代颜习斋，在许多方面都反对宋明道学；在理欲问题，则见解与宋明道学相同，主张严辨理欲，以存天理去私欲为修养之紧要功夫之一，其所说大致与朱子、阳明相类，并无新见，兹不具述了。

清代颜习斋主张严辨理欲，以存天理去私欲为修养之紧要功夫之一。

张子、二程子、朱子、阳明皆言天理；而其所谓天理，在其哲学系统中之地位，实不相同。张子谓“由太虚，有天之名”，所谓天乃以气言，气有规律，即是理；而天理只是普遍的准则之意。二程、朱子则以为天即是理，而性亦即理；所谓天理，乃宇宙本根之发现，乃人性之本然。阳明则认为天即是心，理亦即是心；而天理即是“良知之本体”。习斋所谓天理，与张子意同。

6. 理存于欲说

在天理人欲之辨大盛的时候，道学家中，即有注重天理人欲之统一的，便是胡五峰宏。五峰云：

在天理人欲之辨大盛的时候，道学家中，即有注重天理人欲之统一的，便是胡五峰宏。

天理人欲，同体而异用，同行而异情。进修君子，宜深别焉。（《知言》）

好恶，性也。小人好恶以己，君子好恶以道。察乎此，则天理人欲可知。（同上）

天理人欲，皆以好恶为体，故云同体；而天理乃好恶以道，人欲乃好恶以己，故云异用。有天理即有人欲，有人欲即有天理，故云同行；而一公一私，故云异情。五峰以为欲实不可卑，不可无。他说：

五峰以为欲实不可卑，不可无。

夫妇之道，人丑之者，以淫欲为事也；圣人安之者，以保合为义也。接而知有礼焉，交而知有道焉，唯敬者为能守而勿失也。语曰乐而不淫，则得性命之正矣。谓之淫欲者，非陋庸人而何？（同上）

夫人目于五色，耳于五声，口于五味，其性固然，非外来也。圣人因其性而导之由于至善，故民之化之也易。老子曰：不见可欲，使心不乱。夫可欲天下之公欲也，而可蔽之使不见乎？（同上）

男女之欲，中节则为至正。目耳口之欲，皆可导之使合于至善。

五峰虽讲天理人欲同体同行，而仍注重厘辨二者，故说："进修君子，宜深别焉。"又云：

人欲盛则于天理昏。理素明则无欲矣。处富贵乎，与天地同其通。处贫贱乎，与天地同其否。安死顺生，与天地同其变。又何宫室妻妾，衣服饮食，存亡得丧，而以介意乎？（同上）

"君子好恶以道"，虽有欲而皆合乎正，即可谓之无欲。能明理，就不受情欲的牵累了。

道学家中，对于所谓理欲之辨，完全持反对议论的人，是陆象山。象山极不赞成分别天理人欲。他说：

道学家中，对于所谓理欲之辨，完全持反对议论的人，是陆象山。

天理人欲之言，亦自不是至论。若天是理，人是欲，则是天人不同矣。此其原盖出于老氏。……《乐记》之言，亦根于老氏。（《语录》）

谓人欲天理非是。人亦有善有恶，天亦有善有恶（日月蚀恶星之类），岂可以善皆归之天，恶皆归之人？此说出于《乐记》，此说不是圣人之言。（同上）

天理人欲之分，论极有病。自《礼记》有此言，而后人袭之。岂有天理物欲之分？（同上）

天人是合一的，不可裂天人而为二；天理人欲之辨，实有违于天人合一之原则。象山反驳天理人欲之分，纯从天人说，未从理欲来说。对于理欲之分，象山虽不反对，亦不注重。象山云：

象山反驳天理人欲之分，纯从天人说，未从理欲来说。

但惩忿窒欲，未是学问事；便惩窒得全无后，也未是学。学者须是明理。须是知学，然后说得惩窒。（《语录》）

明理为本，明理后方可言窒欲。

明代朱派巨擘罗整庵，虽未明显地反对天理人欲之辨，而认为欲本出于天，非必是恶。整庵说：

夫人之有欲，固出于天，盖有必然而不容已，且有当然而不可易者。于其所不容已者而皆合乎当然之则，夫安往而非善乎？惟其恣情纵欲而不知反，斯为恶耳。先儒多以去人欲遏人欲为言，盖所以防其流者不得不严；但语意似乎偏重。夫欲与喜怒哀乐，皆性之所有者。喜怒哀乐，又可去乎？（《困知记》）

人有欲，乃必然而不容已，有其当然而不可易之则。只要合乎当然之则，便是善，不是恶，所以欲实是不可去的。

清初王船山，极注重天理人欲之统一。船山认为天理人欲不可看作不两立的，二者实有其一体。船山说：

清初王船山，极注重天理人欲之统一。

礼虽纯为天理之节文，而必寓于人欲以见。……唯然，故终不离人而别有天，终不离欲而别有理也。离欲而别为理，其唯释氏为然，盖厌弃物则而废人之大伦矣。……于此声色臭味，廓然见万物之公欲，而即为万物之公理。……孟子承孔子之学，随处见人欲，即随处见天理。（《读四书大全说孟子》）

虽云天理人欲不容并立，乃可言人欲之害天理，而终不可言天理之害人欲。害人欲者，则终非天理之极至也。（同上）

有是故有非，有欲斯有理。（《周易外传》二）

天理原不舍人欲而别为体，则当其始而遽为禁抑，则且绝人情而未得天理之正，必有非所止而强止之患。（《周易内传》四上）

天理即在人欲之中；绝人欲，则亦无所谓天理。天理乃是人欲之当然的准则，并非“害人欲”的。然人欲并不即是天理，且可以“害天理”。船山又说：

狎人之欲，则且见民之有欲，卑贱而无与于道矣，无所可祗敬者也。……今夫民则岂其情已卑已贱而不足与于道也哉？（《尚书引义》五）

欲不可狎，而应重视。唯不狎欲，然后能有见于理欲之真实关系。（狎即轻视之意。）

船山谓“廓然见万物之公欲，而即为万物之公理”。

船山谓“廓然见万物之公欲，而即为万物之公理”。又云：

天下之公欲即理也。（《正蒙注》四）

以为理即公欲。然又尝云：

有公理，无公欲。私欲净尽，天理流行，则公矣。天下之理得，则可以给天下之欲矣。以其欲而公诸人，未有能公者也。即

或能之，所谓违道以干百姓之誉也，无所往不称愿人也。（《思问录·内篇》）

此与前引公欲之说有矛盾。船山关于理欲问题的见解，大概有一个变化的过程。

反驳理欲之辨最彻底的，是戴东原。东原否认理欲之辨，而另建立一种新的节欲说。他根本不承认理欲对立，而以为理原于欲。欲之中节便是理，离欲则更无理可说。一切的德，一切的善，都基于欲。欲非是恶，恶之源乃在于私及蔽。私即只知遂己之欲不知遂人之欲，蔽是自执意见以为理。东原对于宋儒理欲之辨之真义，稍有误会，认为持理欲之辨者是否认一切欲，所以他对于理欲之辨的驳论，并非完全中其肯綮。但东原之说，实是足以自立的新说。东原云：

反驳理欲之辨最彻底的，是戴东原。

> 理者存乎欲者也。（《孟子字义疏证》）
>
> 理也者，情之不爽失者也；未有情不得而理得者也。（同上）

理是存于欲的，欲而无失便是理，不能舍情以求理。东原又云：

> 人伦日用，圣人以通天下之情，遂天下之欲，权之而分理不爽，是谓理。（同上）

理非与情欲对立，而是所以通天下之情遂天下之欲的；精审权度，求其无失，便得理。东原言天理，亦以欲来讲，他说：

东原言天理，亦以欲来讲。

> 天理者，节其欲而不穷人欲也。是故欲不可穷，非不可有。有而节之，使无过情无不及情，可谓之非天理乎？（同上）

天理在于节欲。欲需节而不可去。东原认为欲根本是不可不有的，他说：

凡出于欲，无非以生以养之事。（同上）

生养之事基于欲；如去欲，则生养之道亦废了。且不唯生养之道出于欲，而一切道德，皆原于欲；如根本无欲，则亦不能有德。东原说：

人之生也，莫病于无以遂其生。欲遂其生，亦遂人之生，仁也。欲遂其生，至于戕人之生而不顾者，不仁也。不仁实始于欲遂其生之心，使其无此欲，心无不仁矣。然使其无此欲，则于天下之人生道穷促，亦将漠然视之；己不必遂其生而遂人之生，无是情也。（同上）

不仁固源于欲遂其生之心，而仁实亦基于欲遂其生之心。如根本无欲遂其生之心，则亦不能有仁。东原又说：

己知怀生而畏死，故怵惕于孺子之危，恻隐于孺子之死；使无怀生畏死之心，又焉有怵惕恻隐之心？推之羞恶辞让是非，亦然。使饮食男女与夫感于物而动者脱然无之，以归于静，归于一，又焉有羞恶，有辞让，有是非？此可以明仁义礼智非他，不过怀生畏死饮食男女与夫感于物而动者之皆不可脱然无之，以归于静，归于一，而恃人之心知异于禽兽，能不惑乎所行，即为懿德耳。古圣贤所谓仁义礼智，不求于所谓欲之外，不离乎血气心知。（同上）

不独仁，义礼智也都基于欲，非在欲之外。不善在于私，不在于欲。生活理想是无私，不是无欲。东原说：

生活理想是无私，不是无欲。

圣贤之道无私而非无欲；老庄释氏无欲而非无私。彼以无欲成其自私者也；此以无私通天下之情遂天下之欲者也。（同上）

君子亦无私而已矣，不贵无欲。（同上）

欲而私是恶，但不能因欲而私是恶，便认为欲本身亦是恶。宋明道学家，都好讲"为人欲所蔽"，东原则认为蔽非欲之过，他说：

欲之失为私不为蔽；自以为得理而所执之实谬，乃蔽而不明。天下古今之人，其大患私与蔽二端而已。私生于欲之失，蔽生于知之失。（同上）

蔽是知之失，自执其谬见以为真理，便是蔽。道学家认为凡事不出于欲，便合天理；东原则指出：只是不出于欲，也未必得当，需精审权度方可；有时虽无私欲，而心知有蔽，其行为也足以害天下。东原说：

道学家认为凡事不出于欲，便合天理；东原则指出：只是不出于欲，也未必得当，需精审权度方可；有时虽无私欲，而心知有蔽，其行为也足以害天下。

宋儒乃曰：人欲所蔽，故不出于欲，则自信无蔽。古今不乏严气正性疾恶如雠之人，是其所是，非其所非，执显然共见之重轻，实不知有时权之，而重者于是乎轻，轻者于是乎重；其是非轻重一误，天下受其祸而不可救，岂人欲蔽之也哉？自信之理非理也。（同上）

东原更痛论理欲之辨的流弊道：

圣人之道，使天下无不达之情；求遂其欲，而天下治。后儒不知情之至于纤微无憾是谓理；而其所谓理者，同于酷吏所谓法。酷吏以法杀人，后儒以理杀人。寖寖乎舍法而论理。死矣，更无可救矣。（《与某书》）

宋儒持理欲之辨，虽未一概否认饮食男女之欲，究竟制欲太甚，使所谓礼教成为严酷的。实有不少人，受礼教之束缚，不能达其可达之情，遂其当遂之欲，以至于抑郁而死。东原实可谓改革礼教之先觉。

东原实可谓改革礼教之先觉。

东原也甚反对纵欲。他说：

人有欲，易失之盈；盈斯悖乎天德之中正矣。心达天德，秉中正，欲勿失之盈以夺之。故孟子曰：养心莫善于寡欲。禹之行水也，使水由地中行；君子之于欲也，使一于道义。治水者徒恃防遏，将塞于东而逆行于西，其甚也，决防四出，泛滥不可救；自治治人，徒恃遏御其欲，亦然。能苟焉以求静，而欲之翦抑窜绝，君子不取也。君子一于道义，使人勿悖于道义，如斯而已矣。（《原善》）

孟子的寡欲说，实为程朱与东原所共同宗述的。

不可遏欲，正如不可防川；但欲亦不可盈，寡欲实乃必需。孟子的寡欲说，实为程朱与东原所共同宗述的。

东原对于宋儒天理人欲之辨，颇有误解之处，如云：

宋儒程子朱子……辨乎理欲之分，谓不出于理则出于欲，不出于欲则出于理；虽视人之饥寒号呼，男女哀怨，以至垂死冀生，无非人欲。（《孟子字义疏证》）

此实有误。在程朱看来，饮食男女以及无辜受死而求生之情，都是天理，并不认作人欲。

东原之贡献，在分别欲与私为二，不善原于私，而欲非即私。

东原之贡献，在分别欲与私为二，不善原于私，而欲非即私。宋儒不分欲与私，且将不私之欲认为理，不名为欲，实不妥当。至于东原认为欲与蔽无关，则不尽然。蔽固是知之失，然欲可蔽知，荀子所谓“欲为蔽，恶为蔽”（《解蔽》），是不错的。

东原之弱点在对于欲之矛盾、欲之冲突，没有明确的认识。关于理欲问题，可以说程朱有见于理欲之对立，无见于其统一；东原则有见于理欲之统一，无见于其对立。而理欲乃是对立而统一的。